新编21世纪高等职业教育精品教材
装备制造类

工业网络控制技术

主　编◎储　琴　刘书凯
参　编◎夏东青　祝　骅
　　　　王伟波　孙菊妹
　　　　唐　咏　吕继东
　　　　崔雪莲
主　审◎周　皞

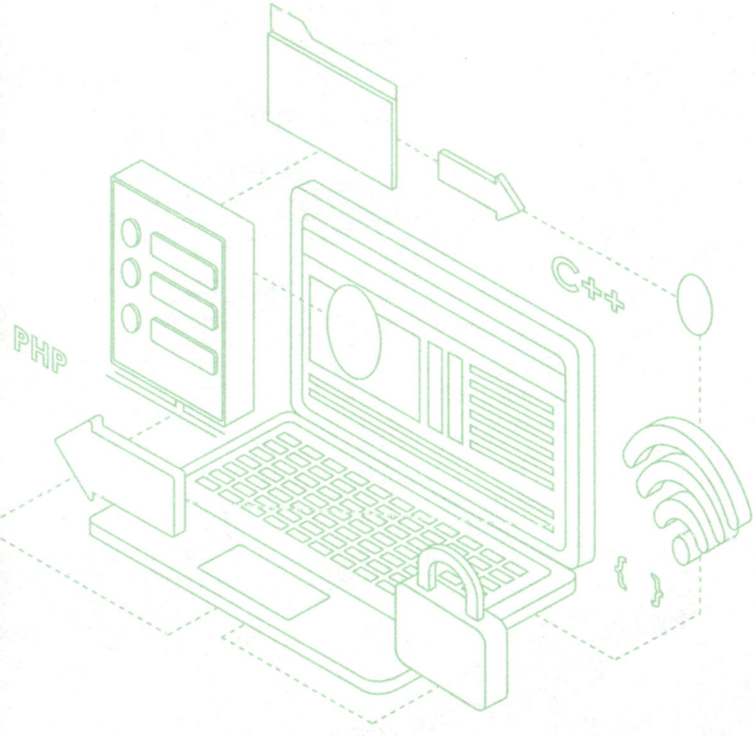

中国人民大学出版社
·北京·

前言

党的二十大报告提出了新时代中国特色社会主义的各项任务和目标，强调了加快构建新发展格局、着力推动高质量发展的重要性。2023 年 12 月召开的中央经济工作会议强调，要以科技创新引领现代化产业体系建设，大力推进新型工业化。在此背景下，高职院校要深化工业化与信息化的融合，推进智能制造，培养与之相适应的新质生产力人才。为了响应这一号召，结合新质生产力的发展需求和企业对工业网络控制技术人才的迫切需求，我们编写了《工业网络控制技术》这本高职项目化教材。

工业网络控制技术强调实际应用，在工业现场，与其发展相关的应用层出不穷。选取合适的教学内容和恰当的教学方法是提高教学质量的关键。本书旨在为高职院校培养适应新型工业化要求的高素质技术技能人才提供教学支持。全书以项目化教学为核心，在项目选取上遵循代表性、普遍性和发展性原则，共分为 6 个项目，涵盖工业互联网基础知识、工业通信接口认知、Modbus 现场总线及其应用、PROFIBUS 现场总线及其应用、基于自由口的点对点通信以及工业以太网及其应用等内容。每个项目都围绕实际工程案例展开，强调理论与实践的结合，注重培养学生解决实际问题的能力。

本书具有以下特点：(1) 紧密结合国家战略与新质生产力发展要求，强调工业网络控制技术在新型工业化中的核心作用；(2) 运用实践导向的项目化教学方法，以项目为载体、任务为导向，设计实践环节，确保学生能够在实际操作中巩固和应用所学知识；(3) 具有技术前沿性，除了介绍传统的工业网络控制技术，还涵盖了工业互联网、智能制造等前沿技术的应用，为学生提供最新的行业动态和技术趋势；(4) 具有系统性与综合性，从基础知识到高级应用，从单一技术到系统集成，系统、全面地覆盖了工业网络控制技术的多个方面。

本书适合作为高职高专院校电气自动化、工业过程自动化、机电一体化、工业机器人技术等专业的教学用书，同时适合广大工程技术人员自学和参考。通过学习本书，读者将能够深入理解并掌握工业网络控制技术的关键知识和技能，满足新型工业化对高技能人才的需求。

本书由常州工程职业技术学院储琴、刘书凯主编，常州工程职业技术学院祝骅、王伟波、孙菊妹、唐咏，无锡信捷电气股份有限公司崔雪莲，上海三菱电梯有限公司夏东青，常州大学吕继东参编，常州工程职业技术学院周皞教授主审。本书在编写过程中参考了大量文献、手册、会议资料及网络资源，在此向各位专家、工程师和文献作者表示衷心的感谢。

本书配有丰富的数字化教学资源，包括教学课件、视频、动画、源程序、拓展阅读等，并在书中相应位置放置了二维码资源标记，读者可以通过手机等移动终端扫码学习。

由于编者水平有限，且工业网络控制技术一直在发展，本书难免有不足之处，敬请广大读者批评指正。

编者

目录

项目 1

工业互联网基础知识

项目引入

《中华人民共和国国民经济和社会发展第十四个五年规划和2035年远景目标纲要》强调“积极稳妥发展工业互联网”，提出“在重点行业和区域建设若干国际水准的工业互联网平台和数字化转型促进中心”，并将其作为“促进数字技术与实体经济深度融合，赋能传统产业转型升级”的重要抓手。“十四五”时期，促进工业互联网创新发展，充分运用工业互联网技术支撑、赋能乃至引领实体经济数字化，是一个非常重要的课题。

本项目通过引入工业互联网在汽车制造领域的应用案例，带领大家学习工业互联网相关知识和技术，认知工业互联网、工业网络控制技术、工业网络体系结构，了解工业互联网在汽车制造业“智改数转”（即智能化改造和数字化转型）、汽车生产线智能化转型升级过程中所起的作用。

项目描述

工业互联网与汽车智能制造密切相关，可以说是汽车制造业智能化转型的重要方向和关键技术支持。项目1主要包括工业互联网认知、工业网络控制技术认知、工业网络体系结构认知三个任务。本项目系统介绍工业互联网的概念、作用及发展，梳理典型工业网络控制技术的类型及特点，归纳工业网络体系结构层级和功能。

项目目标

知识目标

1. 了解工业互联网的概念、作用、架构及发展历程。
2. 熟悉工业互联网的典型模式以及对智能制造的作用。
3. 掌握工业网络控制技术的发展历程、类型及特点。
4. 掌握工业网络体系结构层级及每个层级的作用。

技能目标

1. 能描述工业互联网的作用，厘清工业互联网与工业网络之间的关系。
2. 能梳理工业网络控制技术的发展脉络及每一个发展阶段的技术特点。
3. 能辨别工业控制网络和工业信息网络的异同点。
4. 能根据项目任务要求，绘制工业网络体系结构图。

素养目标

1. 通过项目任务学习，养成自主学习的习惯，树立技术报国的思想意识。
2. 通过项目任务分析，培养积极思考、举一反三地解决问题的能力。
3. 通过项目任务实施，培养团队协作能力，提升信息归纳、总结、提炼能力。

任务 1.1 工业互联网认知

任务描述

工业互联网为汽车智能制造提供了数据基础和技术支持。通过工业互联网，人们可以实现对汽车制造过程中各种设备、机器人、传感器等的连接和数据采集。这些数据可以通过云计算、大数据分析和人工智能等技术进行处理和分析，实现对生产过程的实时监控、预测分析和优化调整，从而提高生产效率、质量和灵活性。

本项目在充分了解汽车生产线（如图 1-1 所示）工艺的基础上，利用工业互联网技术，对汽车生产线进行智能化改造，完成汽车生产线数据采集工业网络架构的设计，主要包括汽车生产线感知层、控制层、传输层和远程端，以达到远程实时展示环境温湿度、设备运行情况等目的。

图 1-1　汽车生产线

知识链接

1.1.1　工业互联网概述

工业互联网是指通过物联网、云计算、大数据、人工智能等技术手段将传统工业与互联网技术相结合，实现工业生产、管理、服务等各个环节的数字化、网络化、智能化的一种新型产业模式。工业互联网的核心目标是通过信息技术的应用，提高工业生产效率、降低成本、提升产品质量，并且实现工业的可持续发展。工业互联网可以帮助企业实现设备的远程监控、故障预警、生产数据分析等功能，提升生产效率和管理水平，促进产业升级和转型。同时，工业互联网也为企业提供了更多的商业模式创新空间，开辟了新的市场，提供了更多的商机。

1.1.2　工业互联网的发展历程

工业互联网的发展历程大致可以分为以下几个阶段：

（1）初始阶段：工业互联网的概念开始出现，主要是指将工业生产中的设备、系统与互联网连接起来，实现远程监控和数据采集。

（2）第二阶段：随着物联网、云计算、大数据等技术的快速发展，工业互联网得到了进一步推广和应用。企业开始将工业生产过程中的各种设备和系统进行互联，实现设备状态监测、故障预警等功能。

（3）第三阶段：工业互联网进入了全面发展阶段。随着人工智能、边缘计算等技术的兴起，工业互联网实现了更加智能化、自动化的生产方式。企业开始通过工业互联网实现生产过程的数字化、网络化、智能化，提高生产效率和产品质量。

（4）未来发展阶段：未来，工业互联网将继续向更高层次发展。随着5G通信技术的应用、人工智能算法的进一步优化和发展，工业互联网将实现更高速、更智能的数据传输和分析，进一步提升工业生产的效率和质量。同时，工业互联网还将通过与其他领域的技术融合，如工业机器人、无人驾驶等，实现更广泛的应用和创新。

1.1.3 工业互联网的架构

工业互联网的架构通常包括以下几个方面：

（1）感知层：包括传感器、设备和物联网节点等，用于采集现场设备和环境的数据，如温度、压力、湿度等。

（2）传输层：负责将感知层采集到的数据传输到网络中，常见的传输方式包括以太网、无线通信等。

（3）网络层：用于数据在网络中的传输和路径选择，包括局域网、广域网、云平台等。

（4）数据处理与应用层：对采集到的数据进行处理和分析，提取有用的信息，并进行决策和控制。这一层通常包括数据存储、数据处理、算法模型、可视化界面等。

（5）安全与隐私层：负责保护工业互联网系统的安全和隐私，包括身份认证、数据加密、访问控制等。

（6）应用服务层：提供各种应用服务，如远程监控、设备管理、故障诊断、生产优化等。这些应用服务可以根据实际需求进行定制和扩展。

工业互联网的架构设计取决于具体的应用场景和需求，可以灵活调整和扩展。同时，随着技术的不断发展，新的架构和技术也在不断涌现，以满足工业互联网的需求。

1.1.4 工业互联网的典型模式

工业互联网的典型模式主要有以下几种：

（1）设备即服务（Equipment as a Service）模式。

在此模式下，制造商将设备作为服务出售，而非作为产品出售。这种模式的主要优势在于，制造商可以实时监控设备并提供优化建议，以提高设备效率和寿命。

（2）预测性维护（Predictive Maintenance）模式。

预测性维护是通过大量的状况监测数据和先进的分析技术预测设备何时需要维护。这种模式可以减少设备的无计划停机时间，节省成本并延长设备的使用寿命。

（3）生产过程优化（Process Optimization）模式 。

这种模式将工业数据与分析技术结合起来，用以优化生产过程。通过实时分析生产数据，企业可以发现效率低下的地方，并采取改善措施。

（4）智能工厂（Smart Factory）模式。

这种模式将物联网（IoT）技术应用于生产线，建立起灵活的生产系统。智能工厂将自动化、数字化和智能化整合在一起，以提升生产效率和生产质量。

以上几种模式只是工业互联网典型模式的一部分，随着技术的不断发展和创新，还会有更多的工业互联网模式出现。

1.1.5 工业互联网的作用

工业互联网是将互联网技术与工业生产相结合的产物，它在工业领域具有以下作用：

（1）远程监控和控制。工业互联网可以实现对工业设备和系统的远程监控和控制。工程师和运维人员可以通过互联网远程访问设备，实时监测设备状态、运行参数等，并进行远程操作和控制，提高了生产过程的灵活性和效率。

（2）故障诊断和预测维护。工业互联网可以实现对设备的故障诊断和预测维护。通过设备的远程监控和数据分析，工程师和运维人员可以实时监测设备的运行状况，发现潜在问题并进行预测性维护，避免设备故障对生产造成影响。

（3）生产过程优化和智能化。工业互联网可以提供大量的生产数据，通过数据分析和挖掘，实现生产过程的优化和智能化。通过对数据的分析，工程师和运维人员可以发现生产过程中的瓶颈和问题并进行优化，提高生产效率和质量。

（4）供应链管理和物流优化。工业互联网可以实现工业企业与供应商、合作伙伴之间的连接和数据共享，优化供应链管理和物流流程。通过实时数据的交换和共享，工业互联网可以提高供应链的可靠性和效率，减少库存和降低运输成本。

（5）产品追溯和质量管理。工业互联网可以实现对产品的追溯和质量管理。通过对生产过程中的数据进行记录和分析，工程师和运维人员可以追踪产品的生产过程和流向，实现对产品质量的监控和管理，提高产品的可追溯性和质量可靠性。

总之，工业互联网通过将互联网技术应用于工业生产，实现了设备之间的连接和数据交换，提供了远程监控、故障诊断、生产优化等功能，可以提高生产效率、降低成本、提升质量，推动工业生产的智能化和可持续发展。

1.1.6 工业互联网的行业应用

工业互联网为各产业提供智能化、网络化、服务化的解决方案，比较典型的应用行业如下：

（1）制造业。制造业是工业互联网的主要应用场所，如智能制造、生产线自动化、设备预测性维护、质量控制等。

（2）能源行业。在能源行业，工业互联网可以应用于能源的优化管理，如智能电网、石油和天然气的探测和开采、风能和太阳能发电等。

（3）交通运输行业。在交通运输行业，工业互联网可以应用在车辆管理、运输和配送优化、智能交通系统、无人驾驶汽车等领域。

（4）医疗行业。在医疗行业，工业互联网可以帮助实现远程诊疗、患者管理、药品追踪，以及医学研究等。

（5）农业。在农业方面，工业互联网可以用于作物生长监测、智能灌溉、温室环境控制等。

工业互联网不仅改变了生产方式，也直接影响了产品设计、经营模式和服务方式，可面向各个行业，帮助其实现产品质量提升、生产效率提高、运营成本降低等目标。

1.1.7 工业互联网对智能制造的作用

工业互联网对智能制造的作用主要体现在以下五个方面：

（1）数据收集与分析。工业互联网通过连接各种设备和传感器，实时收集生产过程中产生的大量数据，包括设备状态、生产效率、质量指标等。对这些数据进行分析和挖掘，可以帮助企业实时监测生产过程，并发现潜在问题和改进机会。

（2）生产过程优化。基于工业互联网的数据分析，企业可以对生产过程进行实时优化。例如，企业可以通过调整设备参数、优化物料配比、调整生产计划等方式，提高生产效率、降低能耗和废品率。同时，工业互联网可以帮助企业实现智能调度和自动化控制，提高生产的灵活性和自动化程度。

（3）供应链协同。工业互联网可以连接企业内外的供应链伙伴，实现供应链的协同管理。通过共享实时数据和信息，工业互联网可以实现供需的匹配和协调，提高物料的准确性和交付的及时性。同时，工业互联网还可以通过供应链的可视化和追溯，提高整个供应链的透明度和可控性。

（4）产品个性化定制。工业互联网可以实现对生产过程的高度灵活管理和个性化定制。通过与客户的连接和反馈，工业互联网可以实现对产品设计和制造过程的实时调整和调优，满足客户不同的需求和偏好，从而提高产品的差异化竞争力和市场占有率。

（5）效率和效益提升。工业互联网可以实现生产过程的精细化管理和智能化控制，提高生产效率、降低生产成本、缩短生产周期。同时，工业互联网还可以改善产品的质量和可靠性，提高客户满意度，从而实现企业的效益和竞争力的提升。

总体而言，工业互联网的应用可以帮助企业实现从传统制造到智能制造的转型升级，提高生产效率、降低成本、提高产品质量和客户满意度，从而获得更大的市场竞争优势。

任务实施

微课视频

汽车生产线数据可视化视频

微课视频

工业互联网平台

（1）观看汽车生产线数据可视化平台，归纳汽车制造工艺流程。

（2）观看汽车生产线数据可视化平台，总结汽车冲压工艺、焊装工艺、涂装工艺、总装工艺流程。

（3）观察工业互联网平台，完成该平台设备选型表，见表 1-1。

表 1-1　设备选型表

序号	设备名称	选用型号	功能描述	位置布局

（4）根据工业互联网平台视频介绍，完成工业互联网网络架构图。工业互联网网络架构参考如图 1-2 所示。

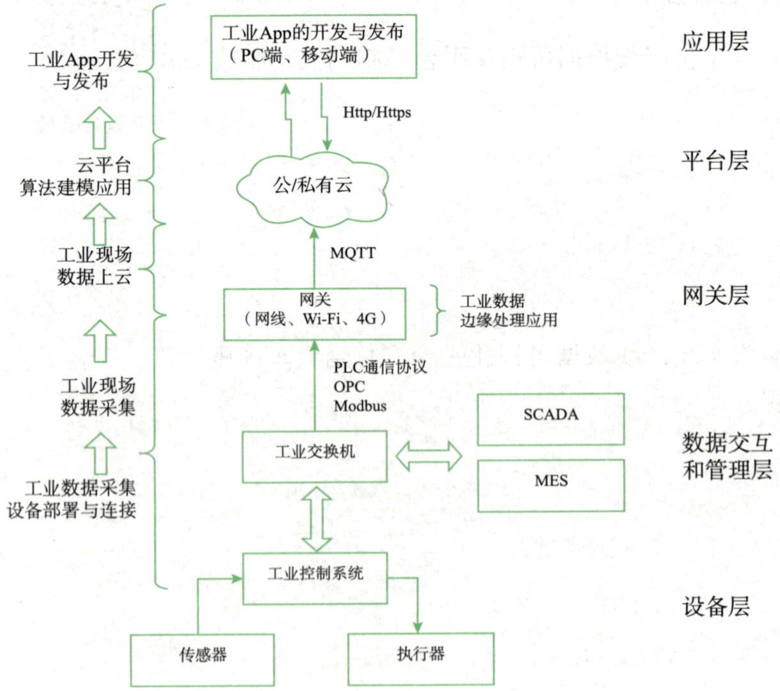

图 1-2　工业互联网网络架构参考图

任务评价

任务实施评价见表 1-2。

表 1-2　任务实施评价表

____学年		工作形式：□个人　□小组分工　□小组	评分		工作时间
任务	训练内容与分值	训练要求	学生自评	教师评分	
工业互联网认知	1. 汽车生产工艺流程归纳（20 分）	正确归纳生产线工艺流程，每个工艺流程 5 分			
	2. 汽车生产线主要设备选型（20 分）	• 按要求选择所需设备，满足功能要求（10 分） • 按要求进行设备布局，布局紧凑，主要区分设备是安装在生产线上还是安装在电器柜中（10 分）			
	3. 工业互联网对汽车智能制造的作用（10 分）	• 作用表述层次清晰（5 分） • 作用描述举例说明（5 分）			
	4. 汽车生产线工业互联网网络架构设计（40 分）	• 工业互联网网络架构绘制层次清晰（20 分） • 工业互联网网络架构每层作用描述正确（20 分）			
	5. 职业素养与安全意识（10 分）	分工合作，配合紧密；遵守纪律，保持平台整洁（10 分）			
	总分：100 分	学生：　　　　教师：　　　　日期：			

任务 1.2　工业网络控制技术认知

任务描述

使用网络拓扑图设计软件绘制汽车生产线智能生产系统的工业网络架构拓扑图，如图 1-3 所示，主要包括智能生产系统的边缘层（包括设备层、控制层、数据接入层）和应用层的绘制。同时，识别网络拓扑图中各设备之间所采用的工业网络通信技术并标注。

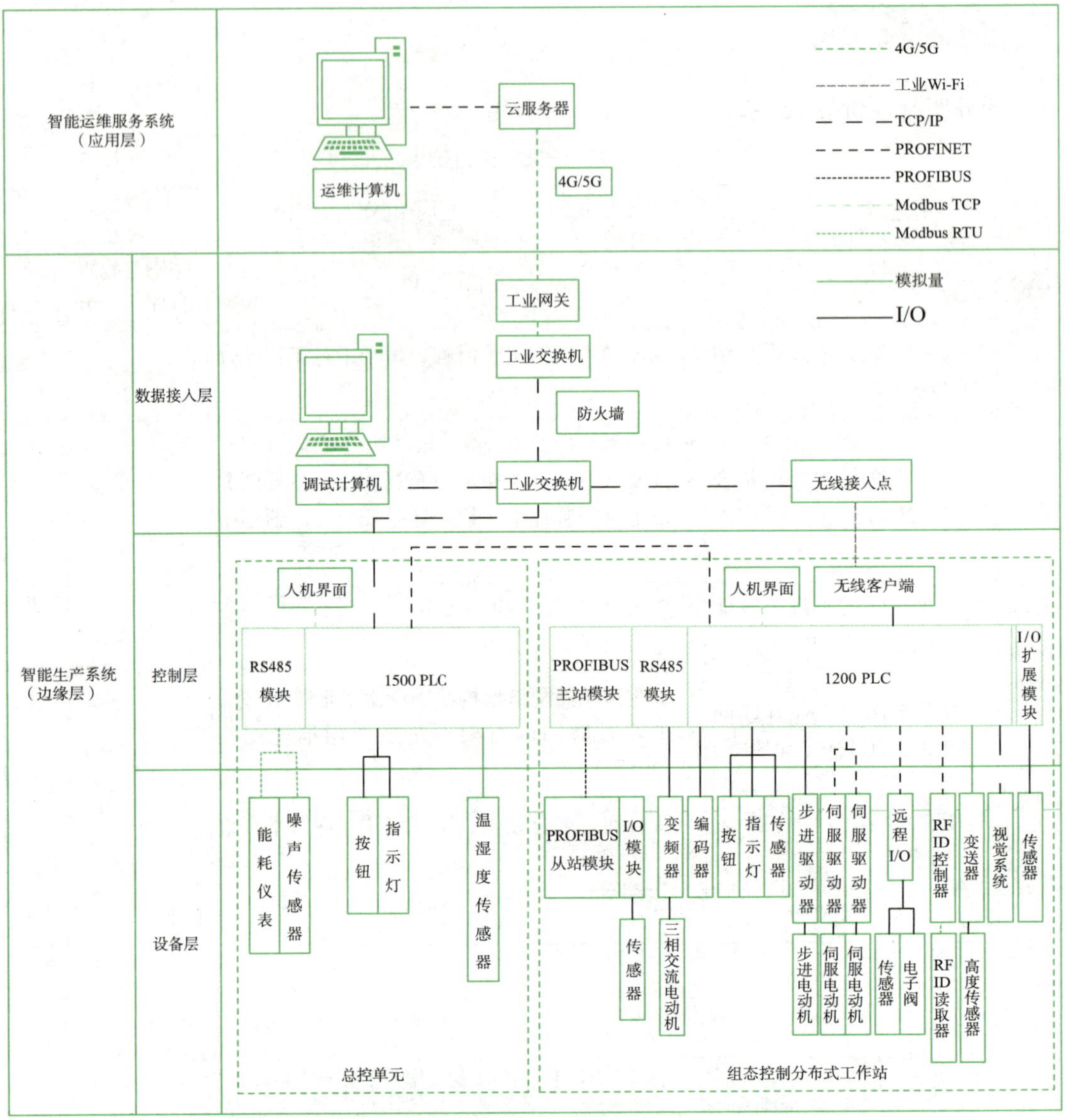

图 1-3　某智能生产系统的工业网络架构拓扑图

知识链接

1.2.1 工业网络控制技术概述

工业网络是指用于连接和管理工业设备、系统和应用程序的网络。它是工业物联网的基础，用于实现设备之间的通信和数据传输。工业网络通常包括以下组成部分：

（1）控制系统：包括传感器、执行器和控制器，用于监测和控制工业过程。

（2）数据通信网络：用于连接控制系统中的设备，以实现数据传输和通信。

（3）通信协议：用于设备之间的通信和数据交换，如 Modbus、OPC UA 等。

（4）网络基础设施：包括交换机、路由器、网关等网络设备，用于连接和管理工业网络。

（5）安全机制：用于保护工业网络免受网络攻击和数据泄露的威胁，包括防火墙、加密和身份验证等。

工业网络的主要目标是实现设备之间的实时通信和数据交换，以提高生产效率、降低生产成本和提高工业过程的可靠性和安全性。它在制造业、能源、交通、物流等领域广泛应用，为工业自动化和智能化提供支持。

工业网络控制技术是指在工业领域中用于连接、通信和控制工业设备和系统的网络技术。它是工业自动化的重要组成部分，用于实现设备之间的数据交换、过程控制和监测。

工业网络控制技术的发展与工业自动化的需求密切相关。随着工业生产规模的扩大和复杂度的增加，传统的分布控制方式已经无法满足生产过程的要求。工业网络控制技术的出现解决了设备之间通信和协作的问题，提高了生产过程的效率、可靠性和安全性。

传统的工业控制系统通常使用专有的通信协议和物理媒体，而工业网络控制技术通过采用标准化的通信协议，如以太网、CAN 等，以及通用的物理媒体，如铜缆、光纤等，实现了设备的互联和通信。

工业网络控制技术的发展还受到了信息技术和互联网技术的推动。随着计算机和通信技术的快速发展，工业网络控制技术逐渐融合了信息技术和工业自动化技术，形成了工业物联网的概念。工业物联网将传感器、设备和系统连接到互联网，实现了设备的远程监控、数据采集和分析，促进了工业生产的数字化转型和智能化。工业网络控制技术与工业自动化的需求、信息技术的发展和互联网技术的普及密切相关，它在工业生产中发挥着重要的作用，提高了生产效率、质量和安全性。

1.2.2　工业网络控制技术的发展历程

工业网络控制技术的发展历程可以追溯到 20 世纪 70 年代，当时工业领域开始使用计算机技术和自动化控制系统。以下是工业网络控制技术的主要发展里程碑：

（1）以太网的引入。以太网最初用于办公室和学术环境的计算机网络，后来进入工业控制领域。它提供了高带宽、高可靠性和实时性能，成为工业网络的基础。

（2）控制网（ControlNet）的推出。控制网是一种基于CAN（Controller Area Network）总线的工业网络，用于连接工业设备和控制器。它提供了高速传输和实时性能，成为工业自动化领域的重要通信标准。

（3）设备级网络（DeviceNet）的引入。设备级网络是一种基于CAN总线的工业网络，用于连接和管理工业设备。它简化了设备的安装和配置，提高了设备的互操作性和可扩展性。

（4）工业以太网的兴起。随着以太网技术的发展和成本的降低，工业以太网开始在工业自动化领域得到广泛应用。它提供了高速传输、实时性能和高灵活性，成为工业网络的主流技术。

（5）PROFINET的引入。PROFINET是由PROFIBUS国际组织（PROFIBUS International，PI）提出的基于实时以太网技术的自动化总线标准，用于连接和控制工业设备。它支持实时性能、安全性和设备管理功能，被广泛应用于工业自动化系统。

（6）工业物联网的发展。随着物联网技术的兴起，工业物联网开始在工业网络领域得到广泛关注和应用。工业物联网将传感器、设备和系统连接到互联网，并实现数据的采集、分析和优化，提高了工业生产的效率和可靠性。

（7）TSN（时间敏感网络）的出现。时间敏感网络是一种基于以太网的技术，用于提供高精度的实时通信。TSN技术解决了工业网络中的时序和可靠性问题，为工业自动化系统提供了更强的性能和更高的灵活性。

随着工业网络控制技术的不断发展，工业自动化领域的设备和系统之间的通信变得更加高效、可靠和安全，为工业生产的数字化转型和智能化提供了重要支持。

1.2.3 工业网络控制技术的应用领域与重要性

工业网络控制技术在各个行业的应用非常广泛，主要应用领域如下：

（1）制造业。工业网络控制技术在制造业中起到了关键作用。它可以实现设备之间的实时通信和协作，提高生产过程的效率和质量。例如，在汽车制造中，工业网络控制技术可以实现机器人和生产线之间的协调，提高生产线的灵活性和自动化水平。

（2）能源与公用事业。工业网络控制技术在能源与公用事业领域的应用非常重要。它可以实现对电力、水务、燃气等基础设施的监测和控制，提高能源的利用效率和资源的管理水平。例如，在智能电网中，工业网络控制技术可以实现对电力系统中各种设备和能源资源的实时监测和优化调度。

（3）运输与物流。工业网络控制技术在运输与物流领域的应用也非常广泛。它可以实现车辆和物流设备之间的实时通信和协调，提高物流过程的效率和可靠性。例如，在智能交通系统中，工业网络控制技术可以实现交通信号灯、交通监控设备和车辆之间的协调，提高交通流量的控制水平和道路安全性。

（4）医疗保健。工业网络控制技术在医疗保健领域的应用也越来越重要。它可以实现医疗设备和系统之间的实时通信和数据交换，提高医疗过程的效率和准确性。例如，在远程医疗中，工业网络控制技术可以实现医疗设备和医生之间的远程协作，提供远程诊断和治疗服务。

工业网络控制技术的重要性在于它能够实现设备和系统之间的高效通信和协作，提高生产过程的效率、质量和安全性。它可以帮助企业实现生产自动化、智能化和数字化转型，提高竞争力和可持续发展能力。此外，它还可以帮助企业进行远程监控和管理，减少人力资源的投入，提高企业的运营效率。因此，工业网络控制技术在各个行业中的应用和重要性都不可忽视。

1.2.4 工业网络与工业互联网的关系

工业网络是指在工业环境中建立的用于设备之间通信和数据传输的网络。它通常用于实现工业自动化、监测和控制等。工业互联网是指将互联网和工业网络相结合，实现工业设备和系统之间的连接和数据交换。工业互联网通过将工业设备和系统连接到互联网上，可以实现远程监测、远程控制和数据分析等功能。

工业网络是工业互联网的基础，它提供设备之间的通信基础设施。工业互联网通过利用工业网络，将工业设备和系统连接到互联网上，实现了更广泛的数据交换和应用。工业互联网在工业领域的应用非常广泛，可以实现远程监控、故障诊断、生产优化等功能。通过工业互联网，设备之间可以实现数据共享和协同，提高生产效率和质量。

总之，工业网络是构建工业互联网的基础，工业互联网通过利用工业网络，为实现设备之间的连接和数据交换提供了更广阔的应用场景和功能。

1.2.5 典型的工业网络控制技术分类及特点

典型的工业网络控制技术有以下几种：

（1）以太网（Ethernet）。以太网是一种常用的局域网技术，被广泛应用于工业自动化领域。它提供高带宽和可靠的数据传输，支持实时通信和大规模连接。

（2）控制网（ControlNet）。控制网是一种用于工业控制系统的高速串行通信网络。它支持实时数据传输和控制命令，适用于对实时性要求较高的工业应用。

（3）设备级网络（DeviceNet）。设备级网络是一种用于工业自动化设备之间通信的网络技术。它采用 CAN（Controller Area Network）总线作为物理层，支持设备之间的数据交换和配置。

（4）工业以太网（Industrial Ethernet）。工业以太网是针对工业环境的以太网技术的特殊实现。它包括多种协议和标准，如 PROFINET、EtherCAT、Modbus TCP 等，用于实现工业设备之间的高性能通信和控制。

（5）无线 HART（WirelessHART）。无线 HART 是一种无线传感器网络技术，用于工业过程监测和控制。它基于 HART（Highway Addressable Remote Transducer）协议，提供可靠的无线通信和远程监测功能。

（6）域总线（Field Bus）。域总线是一种用于工业自动化领域的串行通信协议。常见的域总线标准包括 PROFIBUS、Foundation Fieldbus 等，用于实现现场设备之间的数据传输和控制。

以上是一些常见的工业网络控制技术，不同的技术适用于不同的工业场景，可以根据具体需求选择合适的技术来建立工业网络。

任务实施

（1）查阅资料，归纳绘制网络拓扑图的步骤。

（2）使用专业软件绘制任务中给出的网络拓扑图。

任务评价

任务实施评价见表 1-3。

表 1-3 任务实施评价表

____学年		工作形式：□个人 □小组分工 □小组	评分		工作时间
任务	训练内容与分值	训练要求	学生自评	教师评分	
工业网络控制技术认知	1. 典型工业网络控制技术的分类及特点（20 分）	对典型的工业网络控制技术进行正确分类，特点描述正确（20 分）			
	2. 工业网络控制技术与工业互联网的关系（10 分）	正确梳理工业网络控制技术与工业互联网之间的关系（10 分）			
	3. 工业网络架构拓扑图绘制步骤归纳（20 分）	工业网络架构拓扑图绘制步骤描述清晰、正确（20 分）			
	4. 某智能生产系统网络拓扑图绘制（40 分）	工业网络架构拓扑图层次分明（20 分） 工业网络架构拓扑图中工业网络通信技术标注清晰、正确（20 分）			
	5. 职业素养与安全意识（10 分）	分工合作，配合紧密；遵守纪律，保持平台整洁（10 分）			
	总分：100 分	学生： 教师： 日期：			

任务 1.3 工业网络体系结构认知

任务描述

某企业工业网络体系结构如图 1-4 所示，识别该结构图中各个层级，并描述每一层级在工业智能制造中所起的作用，以及为了实现每一层级的功能需要使用的工业设备。

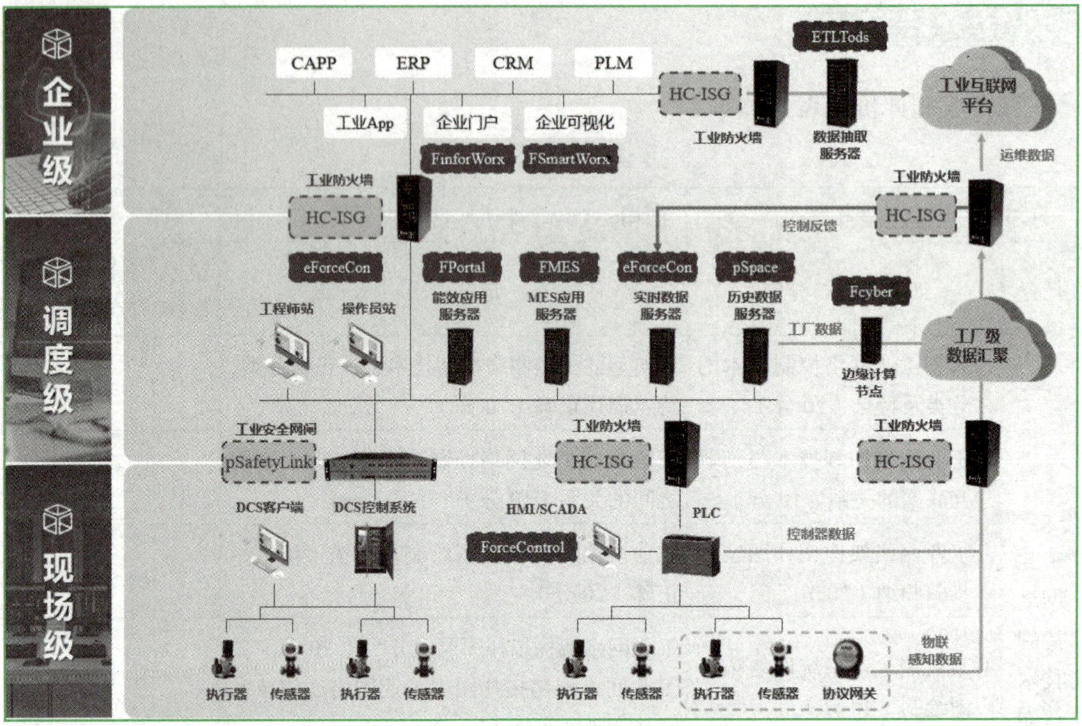

图 1-4　工业网络体系结构图

知识链接

1.3.1　工业网络体系结构概述

工业网络体系结构是指工业领域中用于传输数据和控制信号的网络架构。它的设计目标是确保工业设备之间的可靠通信和高效运行。

工业网络体系结构通常包括以下几个层级：

（1）传感器 / 执行器层。该层级包括各种传感器和执行器，用于监测和控制工业设备的状态。这些设备通常通过现场总线或物联网技术与上层网络连接。

（2）控制层。控制层负责对传感器 / 执行器层进行数据采集和控制。它包括 PLC（可编程逻辑控制器）或 DCS（分布式控制系统）等设备，用于实时监控和控制工业过程。

（3）网络层。网络层提供数据传输和路由功能，将控制层与上层的企业网络连接起来。常见的网络技术包括以太网、工业以太网、无线网络等。

（4）企业层。企业层是工业网络与企业内部 IT 系统之间的接口，用于与企业资源计划（ERP）系统、数据分析平台等进行数据交换和集成。

（5）云层。云层是指将工业数据上传到云平台进行存储和分析。云计算技术可以提供更高级的数据分析、预测和优化功能。

工业网络体系结构的设计考虑到了工业环境的特殊要求，如实时性、可靠性、安全性和可扩展性。它可以帮助实现工业自动化、智能制造和物联网等技术的应用，提高生产效率和品质，降低成本和能源消耗。

1.3.2 工业控制网络概述

工业控制网络是指用于工业自动化系统中的数据传输和控制的网络。它主要用于连接工业设备、传感器、执行器和控制器，以实现对工业过程的监测、控制和管理。

工业控制网络的主要特点和功能包括：

（1）实时性。工业控制网络需要提供实时的数据传输和控制功能，以确保工业设备和系统能够及时响应和调整。

（2）可靠性。工业控制网络对网络的稳定性和可靠性要求较高，以确保数据传输的可靠性和设备的正常运行。

（3）安全性。工业控制网络需要采取一系列安全措施，以保护工业设备和系统免受网络攻击和恶意操作的影响。

（4）协议和通信方式。工业控制网络使用特定的协议和通信方式，如 Modbus、PROFIBUS、Ethernet/IP 等，以实现设备之间的通信和数据交换。

（5）远程监测和控制。工业控制网络可以实现对工业设备和系统的远程监测和控制，提高生产效率和设备利用率。

（6）集成与互联。工业控制网络可以与企业内部的 IT 系统和云平台进行集成和互联，实现数据共享和业务流程的优化。

工业控制网络的发展与工业互联网的兴起密切相关，它是实现工业智能化和数字化转型的重要基础。通过工业控制网络，工业企业可以实现生产过程的自动化、智能化和柔性化，提高生产效率、质量和安全性。

1.3.3 工业信息网络概述

工业信息网络是指在工业领域中用于实现数据传输、通信和信息交流的网络。它是工业互联网的重要组成部分，主要用于连接工业设备、传感器、执行器、控制器和其他相关系统，实现对工业数据的采集、传输、处理和分析。

工业信息网络的主要特点和功能包括：

（1）数据采集和传输。工业信息网络可以实现对工业设备和系统中的数据进行采集和传输，包括传感器数据、设备状态数据、生产过程数据等。

（2）实时性。工业信息网络需要具有实时的数据传输和通信能力，以满足工业自动化系统对实时性的要求。

（3）可靠性。工业信息网络对网络的稳定性和可靠性要求较高，以确保数据传输的可靠性和设备的正常运行。

（4）安全性。工业信息网络需要采取一系列安全措施，以保护工业设备和系统免受网络攻击和数据泄露的威胁。

（5）协议和通信方式。工业信息网络使用特定的协议和通信方式，如 TCP/IP、OPC UA、MQTT 等，以实现设备之间的通信和数据交换。

（6）远程监测和控制。工业信息网络可以实现对工业设备和系统的远程监测和控制，实现远程设备管理和故障排查。

（7）数据分析和智能化。工业信息网络可以将采集到的工业数据进行处理、分析和挖掘，实现工业智能化和数据驱动决策。

工业信息网络的建设和应用可以帮助工业企业实现生产过程的优化和智能化，提高生产效率、质量和安全性。同时，它也为工业企业提供了更多的商业机会和增值服务，如远程监控、预测性维护、物联网应用等。

1.3.4 工业控制网络与工业信息网络的区别

工业控制网络和工业信息网络是两种不同的网络类型，它们在设计目标、使用场景和功能特点上存在一些区别。

（1）设计目标。工业控制网络的设计目标是为工业自动化系统提供可靠、实时的数据传输和控制功能。它主要用于连接工业设备、传感器和执行器，以实现对工业过程的监测和控制。而工业信息网络的设计目标是为人们提供数据传输、通信和信息交流的功能，主要用于连接个人电脑、手机、服务器等终端设备。

（2）使用场景。工业控制网络主要应用于工业生产现场，如制造业、能源领域、交通运输等。它的特点是对实时性以及网络的稳定性和可靠性的要求较高。工业信息网络则广泛应用于日常生活和商业领域，如互联网、局域网、无线网络等，对传输速度和带宽要求较高。

（3）功能特点。工业控制网络通常采用专用的协议和技术，如 Modbus、PROFIBUS、Ethernet/IP 等，以实现实时数据传输、远程监测和控制等功能。它的安全性要求较高，需要保护工业设备和系统免受网络攻击和恶意操作的影响。工业信息网络则更加注重通信和数据交流的便利性，使用的协议和技术比较灵活，如 TCP/IP、HTTP、SMTP 等。

虽然工业控制网络和工业信息网络有一些区别，但随着工业互联网的发展，二者之间的界限越来越模糊。工业控制网络的一些特性正在融入工业信息网络中，使得工业设备和系统能够更好地与企业内部 IT 系统和云平台进行连接和集成。这种融合有助于实现工业智能化和数字化转型，提高生产效率和质量。

任务实施

微课视频

工业网络体系结构

（1）分析并描述任务中工业网络体系结构一共分为几个层级以及各个层级之间的关系。

（2）分析并描述任务中工业网络体系结构每个层级的作用。

（3）观察任务中工业网络体系结构每个层级主要涉及的工业设备，并举例说明。

任务评价

任务实施评价见表 1-4。

表 1-4 任务实施评价表

____ 学年		工作形式：□个人 □小组分工 □小组	评分		工作时间
任务	训练内容与分值	训练要求	学生自评	教师评分	
工业网络体系结构认知	1. 工业网络体系结构层级描述（20 分）	正确描述工业网络体系结构层级（20 分）			
	2. 工业控制网络与工业信息网络的关系梳理（20 分）	正确梳理工业控制网络与工业信息网络的关系（20 分）			
	3. 任务中工业网络体系结构层级分析（20 分）	正确分析任务中工业网络体系结构层级（20 分）			
	4. 任务中工业网络体系结构每个层级的功能描述、设备识别（30 分）	工业网络体系结构每个层级的功能描述正确（15 分） 工业网络体系结构每个层级涉及的设备识别准确（15 分）			
	5. 职业素养与安全意识（10 分）	分工合作，配合紧密；遵守纪律，保持平台整洁（10 分）			
	总分：100 分	学生：　　教师：	日期：		

项目小结

通过本项目的学习，读者能够了解工业互联网的概念、作用、架构以及发展历程；熟悉工业互联网的典型模式以及对智能制造的作用；掌握工业网络控制技术的发展历程、类型及特点；理解工业网络体系结构层级及每个层级的作用；能够根据项目任务要求绘制工业互联网网络架构图；能够识别任务所需的工业设备和工业网络通信技术。

思考与练习

1. 思考题

（1）工业互联网的典型应用场景有哪些？请举例说明。

（2）简述工业互联网对智能制造的作用。

（3）工业互联网的主要作用有哪些？

（4）常用工业网络控制技术有哪些？其特点和应用场合有哪些？

（5）工业网络体系结构一般分为哪几层？每个层级的作用各是什么？

2. 操作题

（1）使用专业绘图软件绘制工业网络架构图，具体如图 1-5 所示。

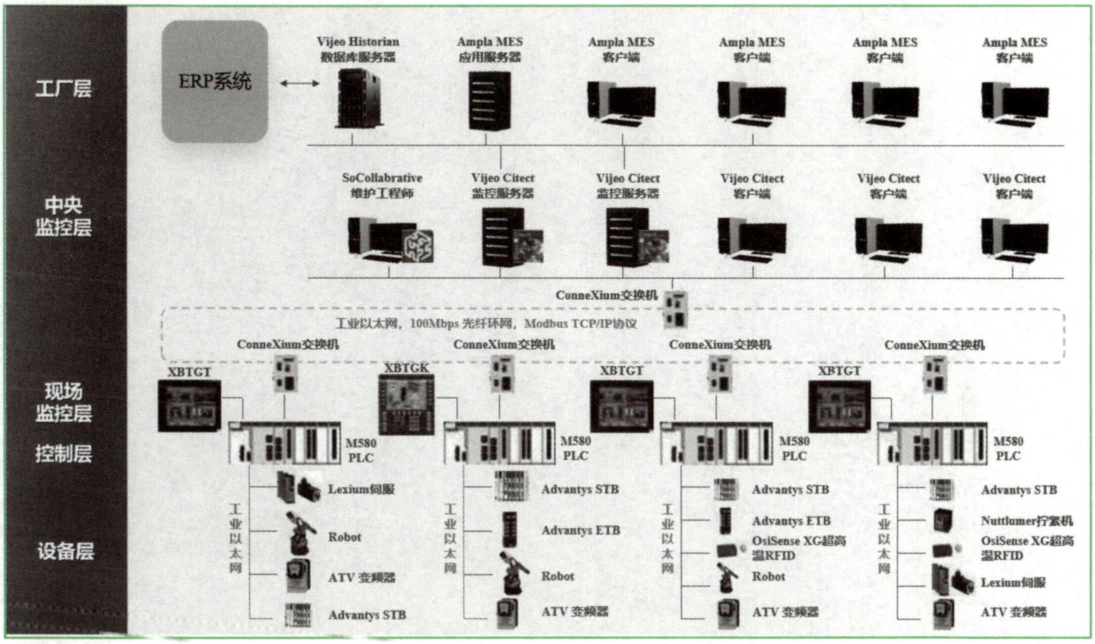

图 1-5　工业网络架构图

（2）使用思维导图工具总结本项目学习内容。

项目 2

工业通信接口认知

项目引入

工业通信是指在工业控制系统中使用的各种通信技术和协议，用于实现工业设备之间的数据交换和控制信号传输。随着工业自动化水平的不断提高，工业通信已经成为现代工业中不可或缺的技术之一。工业通信系统通常由传感器、执行器、控制器、通信网络、监控和管理系统等部分组成。这些组成部分之间通过通信协议和通信接口进行数据的传输和交换，实现相互配合。

本项目通过引入工业中两种典型的通信接口——工业串行通信接口和工业以太网通信接口，带领大家学习工业通信接口的相关知识和技术，了解工业通信接口的作用、种类和标准，理解数据传输方式、工业串行通信接口的特点和工业以太网通信接口的特点，辨别工业设备带有的通信接口类型，制作工业串行通信接口和工业以太网通信接口。

微课视频

通信的概念及发展

微课视频

通信系统的组成

微课视频

通信系统的网络拓扑结构

项目描述

工业通信接口能够实现工业生产过程中不同设备和系统之间的数据交互传输，实现设备之间的协同工作，提高工业生产效率和质量。本项目主要包括工业串行通信接口认知和工业以太网通信接口认知两个任务。项目中系统介绍了工业通信接口的定义、分类、标准及作用，梳理了常用的数据传输方式、典型的工业串行通信接口标准（RS232C、RS422、RS485）和工业以太网通信接口标准（RJ45），厘清了工业串行通信接口与工业以太网通信接口的区别。

项目目标

知识目标

1. 了解工业通信接口的定义、作用。
2. 熟悉工业通信接口的分类及标准。
3. 掌握常用的数据传输方式、工业串行通信接口和工业以太网通信接口的特点。
4. 掌握工业串行通信接口与工业以太网通信接口的区别。

技能目标

1. 能描述工业通信接口在工业制造中的作用，厘清工业通信接口与工业互联网之间的关系。
2. 能梳理工业串行通信接口和工业以太网通信接口的作用及特点。
3. 能辨别不同工业设备上带有的通信接口类型。

素养目标

1. 通过项目任务学习，养成自主学习的习惯，树立技术报国的思想意识。
2. 通过项目任务分析，培养积极思考、举一反三地解决问题的能力。
3. 通过项目任务实施，培养团队协作能力，提升信息归纳、总结、提炼能力。

任务 2.1 工业串行通信接口认知

任务描述

串行通信接口简称串口，数据通过串口按照一位一位的顺序进行传送，其特点是通信线路简单，只要一对传输线就可以实现双向通信。

本任务在充分理解常用工业串行通信接口的定义、特点的基础上，制作一根RS232C DB9 针连接器，借助于串口调试软件，实现两台计算机之间的串口通信。

知识链接

2.1.1 工业通信接口概述

1. 工业通信接口的定义

工业通信接口是指用于工业领域设备之间进行数据传输和通信的接口。它们提供了一种标准化的方式，使得不同厂家的设备可以进行互联和通信。在工业设备通信中，通信接口规定了设备之间进行数据交换和通信所使用的协议、格式和规范，确保设备之间能够正确地进行数据交换和通信。

通信接口的定义通常包括以下几个方面：

（1）物理接口。物理接口定义了设备之间进行数据传输所使用的物理连接方式和电气特性。例如，串行通信接口使用串行通信方式，通过串行线缆进行数据传输；以太网通信接口使用网线进行数据传输。

（2）数据格式。通信接口定义了设备之间进行数据交换时所使用的数据格式。例如，通信接口可以规定数据的编码方式、数据的位数、数据的顺序等。常见的数据格式包括ASCII 码、二进制码等。

（3）通信协议。通信协议规定了数据的传输方式、数据的组织结构、数据的校验方式等。常见的通信协议包括 Modbus、PROFIBUS、CAN 等。

（4）通信速率。通信接口定义了设备之间进行数据传输的速率。通信速率指的是单位时间内传输的数据量，通常以波特率（bps）表示。不同的通信接口可以支持不同的通信速率。

通过定义通信接口，工业设备可以按照接口规范进行数据交换和通信，实现设备之间的互联互通。通信接口的定义可以确保设备之间的数据交换和通信的可靠性、稳定性、一致性，提高工业系统的效率和可靠性。

2. 工业通信接口的分类

工业通信接口可以根据不同的分类标准进行分类。常见的工业通信接口分类标准包括以下几个：

（1）按照物理接口类型分类。按照物理接口的类型，工业通信接口可以分为不同的类型，如工业以太网通信接口、工业串行通信接口（如 RS232、RS485）、无线通信接口（如 Wi-Fi、蓝牙）等。

（2）按照通信协议分类。按照通信协议的不同，工业通信接口可以分为不同的类型，如 Modbus、PROFIBUS、CAN（Controller Area Network）、Ethernet/IP、PROFINET、DeviceNet 等。

（3）按照数据传输方式分类。按照数据传输的方式，工业通信接口可以分为点对点通信接口和总线通信接口。点对点通信接口用于直接连接两个设备进行数据传输，而总线通信接口用于连接多个设备，通过总线进行数据传输。

（4）按照传输介质分类。按照传输介质的不同，工业通信接口可以分为有线通信接口和无线通信接口。有线通信接口使用双绞线、同轴电缆或光纤作为传输介质，而无线通信接口使用无线信号进行数据传输。常用传输介质如图 2-1 所示。

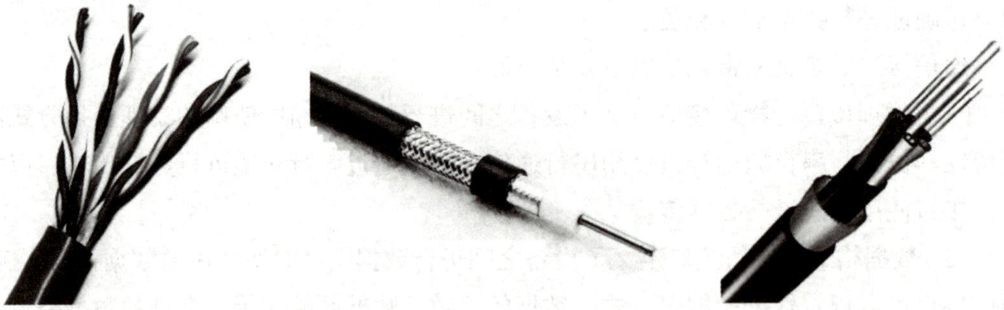

（a）双绞线　　（b）同轴电缆　　（c）光纤

图 2-1　常用传输介质

（5）按照通信速率分类。按照通信速率的不同，工业通信接口可以分为不同的类型，如 10Mbps、100Mbps、1Gbps、10Gbps 等。

这些是一些常见的工业通信接口分类，不同的应用场景和设备可能会选择不同类型的通信接口。选择适合的工业通信接口需要考虑数据传输要求、设备兼容性、可靠性等因素。

3. 工业通信接口标准

在工业领域，常用的工业通信接口标准有以下几种：

（1）Modbus。Modbus 是一种串行通信协议，用于连接工业自动化设备和系统。它定义了数据传输的格式和通信方式，支持多种物理介质，如串口、以太网等。Modbus 常用于监测和控制系统中，可以实现设备之间的数据交换和远程控制。

（2）PROFIBUS。PROFIBUS 是一种现场总线通信协议，用于连接工业自动化设备和系统。它支持高速数据传输和实时控制，适用于复杂的工业环境。PROFIBUS 常用于工厂自动化、过程控制和机器人控制等领域。

（3）CAN（Controller Area Network）。CAN 是一种串行通信协议，用于连接汽车电子系统和工业控制系统。它具有高可靠性、抗干扰能力强的特点，适用于在恶劣环境下进行数据通信。CAN 常用于汽车、航空航天、机器人等领域。

（4）Ethernet/IP。Ethernet/IP 是一种基于以太网的工业通信协议，用于连接工业自动化设备和系统。它支持高速数据传输和实时控制，可以与现有的以太网基础设施兼容。Ethernet/IP 常用于工厂自动化、机器人控制和过程控制等领域。

（5）OPC（OLE for Process Control）。OPC 是一种开放的通信标准，用于连接不同厂商的工业自动化设备和系统。它提供了一种统一的接口，使得不同设备之间可以进行数据交换和通信。OPC 常用于工业监控、数据采集和设备集成等领域。

这些通信接口标准在工业领域中起到了连接和交换数据的作用，使得设备之间可以实现实时通信和远程监控。同时，这些标准的统一也方便了设备的互换和集成，提高了工业生产的效率和可靠性。

4. 工业通信接口与工业互联网的关系

工业通信接口和工业互联网密切相关，它们在工业领域的数据交换和通信中起着重要的作用。工业互联网是指将工业设备、传感器、控制系统等通过互联网进行连接和交互的网络。它利用互联网技术和通信技术，实现了工业设备之间、设备与系统之间的数据交换和通信。工业互联网可以实现设备的远程监测、远程控制、数据采集和分析等功能，提高工业系统的效率、可靠性和智能化水平。

工业通信接口提供了设备之间进行数据交换和通信的规范和方式，而工业互联网则利用这些通信接口实现了设备之间的互联互通。工业互联网可以通过工业通信接口与各种设备进行数据交换和通信，实现设备之间的数据共享、协同工作和智能化控制。

总之，工业通信接口和工业互联网是相互依存、相互促进的关系，它们共同推动了工业领域的数字化转型和智能化发展。

2.1.2 工业串行通信接口

1. 数据传输方式

微课视频 常用的通信设备 1

微课视频 常用的通信设备 2

数据传输就是按照一定的规程，通过一条或者多条数据链路将数据从数据源传输到数据终端。它的主要作用就是实现点与点之间的信息传输与交换。一个好的数据传输方式可以提高数据传输的实时性和可靠性。

数据传输部分在整个通信系统中处于重要的地位，相当于人体的神经给身体的各个部位传输信号。如何高效地、准确地、及时地传输采集模块采集到的数字信息是一个重要的课题。

数据传输方式是指在通信系统中，将数据从发送方传输到接收方的方式和方法。根据数据传输的特点和要求，数据传输方式可以分为以下几类：

（1）并行传输与串行传输。

按数据代码传输的顺序，数据传输方式可分为并行传输与串行传输。

1）并行传输。并行传输是指同时传输多个比特位的数据。在并行传输中，每个比特位都使用独立的信号线进行传输，可以同时传输多个比特位，传输速率较高，如图 2-2（a）所示。并行传输常用于短距离高速数据传输，如计算机内部数据传输。

2）串行传输。串行传输是指逐位传输数据，将数据的每个比特位按照顺序依次传输，如图 2-2（b）所示。在串行传输中，只需使用一条信号线进行数据传输，传输速率相对较低。串行传输常用于长距离通信和工业通信领域。

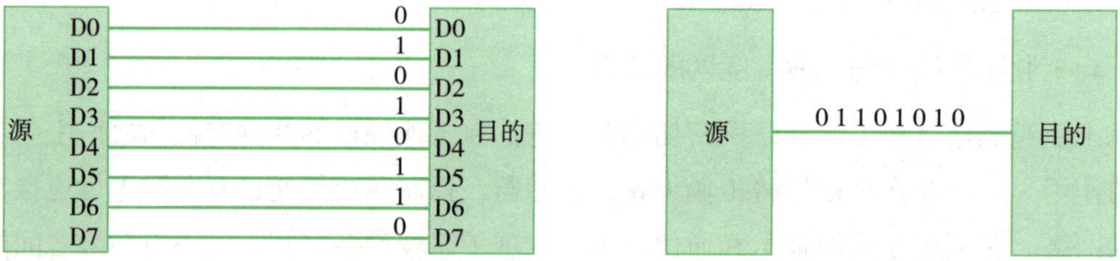

（a）并行传输　　（b）串行传输

图 2-2　并行传输与串行传输的对比

（2）同步传输与异步传输。

微课视频 异步串行通信

按数据传输是否同步，数据传输方式可分为同步传输与异步传输。

1）同步传输。同步传输是指发送方和接收方之间通过时钟信号进行同步，确保数据的传输速率和时序一致。在同步传输中，发送方和接收方需要使用相同的时钟信号进行同步，以保证数据的正确传输。

2）异步传输。异步传输是指发送方和接收方之间没有时钟信号进行同步，数据的传输速率和时序不一定一致。在异步传输中，每个数据帧都包含起始位和停止位，用于标识数据的开始和结束。

（3）单工传输、半双工传输和全双工传输。

按数据传输的流向和时间关系，数据传输方式可分为单工传输、半双工传输和全双工传输。

1）单工传输。单工传输数据只能在一个方向上进行传输，数据只能从发送方传输到接收方，而不能反向传输。单工传输通常用于一些简单的通信场景，其中数据的传输方向是固定的，不需要双向通信。例如，广播电视、无线电广播等都采用单工传输。在这些场景中，数据只能从广播台传输到接收设备，接收设备不能向广播台发送数据。

2）半双工传输。半双工传输是指数据的传输方向是双向的，但同一时间只能进行单向传输。在半双工传输中，发送方和接收方不能同时进行数据传输，需要通过切换传输方向来实现双向通信。例如，使用对讲机进行通信时，只有一方可以说话，另一方只能听。当一方说话时，另一方需要等待接收完毕才能回复。

3）全双工传输。全双工传输是指数据的传输方向是双向的，并且可以同时进行双向传输。在全双工传输中，发送方和接收方可以同时进行数据传输，实现双向通信。例如，当使用电话进行通话时，双方可以同时说话和听对方说话，实现双向传输。

这些数据传输方式可以根据具体的应用场景和需求进行选择和组合，以满足数据传输的要求。不同的数据传输方式在传输速率、传输距离、成本等方面有所差异，需要根据具体情况进行选择。

2. 常用工业串行通信接口

目前，工业中常用的串行通信接口标准主要包括 RS232C、RS422 和 RS485。

微课视频

常用接口标准

（1）RS232C 串行通信接口。

RS232C（Recommended Standard 232C）是一种使用广泛的串行通信接口标准，用于数据在计算机和外部设备之间的传输。RS232C 是 RS232 标准的一种改进版，是 RS232B 的更新版本。

RS232C 接口主要使用 DB9 或 DB25 连接器。DB9 连接器如图 2-3（a）所示，引脚定义如图 2-3（b）所示，交叉连接方式如图 2-3（c）所示。它可以支持数据的全双工传输，即同时进行数据的发送和接收。RS232C 接口通常使用串行方式传输数据，一个比特位一个比特位地进行传输。

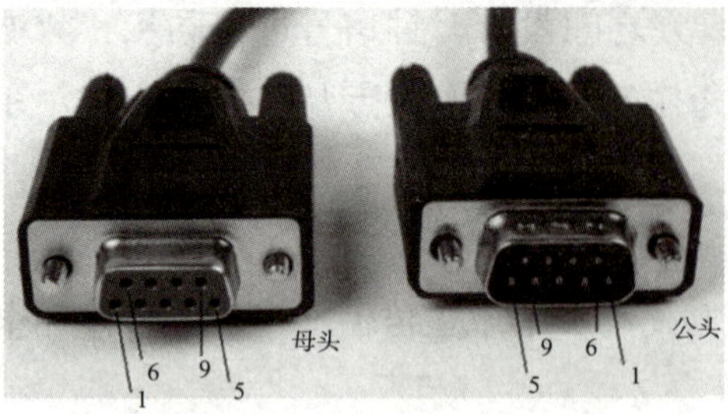

（a）DB9连接器

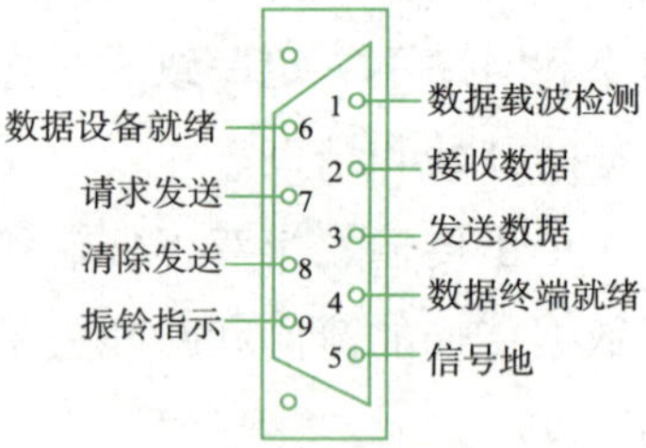

（b）DB9连接器引脚定义

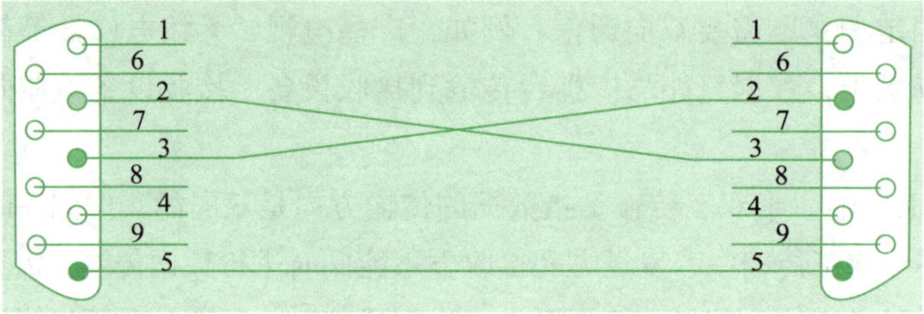

（c）DB9连接器交叉连接方式

图 2-3　RS232C DB9 连接器

RS232C 接口具有以下特点：

1）电压水平。RS232C 定义了电压在正负 12V 之间进行变化，其中正电压表示逻辑“0”，负电压表示逻辑“1”。

2）传输距离。RS232C 标准规定了最大传输距离为 15 米，但可以通过使用线路驱动器和接收器来扩展传输距离。

3）传输速率。RS232C 支持不同的数据传输速率，最常见的速率为 9 600bps、19 200bps、38 400bps 等。

4）控制信号。RS232C 接口还定义了一些控制信号，如 RTS（请求发送）、CTS（清除发送）、DTR（数据终端就绪）、DSR（数据设备就绪）等，用于设备之间的握手和控制。

RS232C 接口在过去广泛应用于计算机串口、打印机、调制解调器等设备之间的数据传输。然而，随着现代计算机接口的发展，如 USB、以太网等的普及，RS232C 的使用逐渐减少。但在某些工业控制和通信领域，RS232C 仍然是一种重要的接口标准。

（2）RS422 串行通信接口。

RS422 是一种串行通信接口标准，用于数据在设备之间进行高速、远距离传输。它是 RS232 标准的一种改进版，提供了更高的传输速率和更长的传输距离。

RS422 接口使用差分信号传输，即使用两条平衡线（正线和负线）来传输数据，以提高抗干扰性能。这种差分传输方式使得 RS422 接口能够在高速、长距离传输中保持较好的信号质量。

RS422 接口的特点包括：

1）传输速率。RS422 支持较高的传输速率，通常可以达到 10Mbps 以上，适用于高速数据传输的应用场景。

2）传输距离。RS422 可以在较长的距离范围内进行传输，最大传输距离可以达到 1 200 米，使其适用于需要远距离传输的场合。

3）多点传输。RS422 支持多点传输，即可以将多个接收设备连接到同一个发送设备，实现一对多的数据传输。

4）差分信号。RS422 使用差分信号传输，正线和负线之间的电压差表示数据的逻辑状态，提高了抗干扰性能，适用于有较多噪声的工业环境场合。

RS422 接口在工业自动化、通信、数据采集等领域得到广泛应用。它可以用于连接 PLC、传感器、驱动器等设备，实现可靠的数据传输和通信。同时，RS422 接口也有一些衍生版本，如 RS485，提供了更多的通信功能和更大的灵活性。

（3）RS485 串行通信接口。

RS485 是一种串行通信接口标准，用于数据在设备之间进行远距离、高速、多点传输。它是 RS422 标准的一种改进版，提供了更长的传输距离和更高的传输速率。

RS485 接口使用差分信号传输，类似于 RS422 接口，使用两条平衡线（正线和负线）来传输数据。这种差分传输方式使得 RS485 接口能够在远距离传输中保持较好的信号质量，并具备较强的抗干扰能力。RS485 网络架构图如图 2-4 所示。

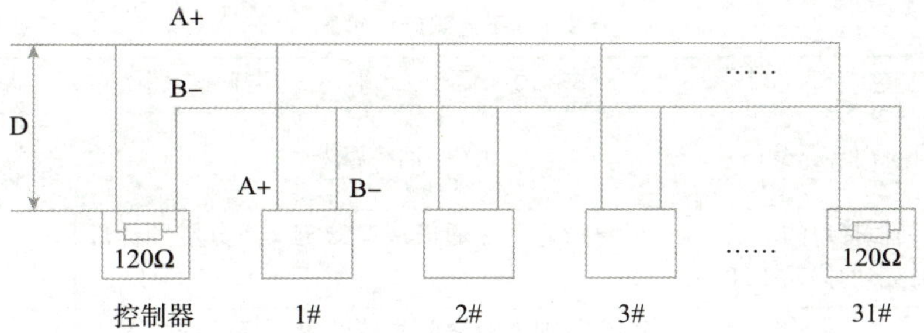

图 2-4　RS485 网络架构图

RS485 接口的特点包括：

1）传输速率。RS485 支持较高的传输速率，通常可以达到 10Mbps 以上，适用于高速数据传输的应用场景。

2）传输距离。RS485 可以在较长的距离范围内进行传输，最大传输距离可以达到 1 200 米，使其适用于需要远距离传输的场合。

3）多点传输。RS485 支持多点传输，即可以将多个接收设备连接到同一个发送设备，实现一对多的数据传输。

4）差分信号。RS485 使用差分信号传输，正线和负线之间的电压差表示数据的逻辑状态，提高了抗干扰性能，适用于有较多噪声的工业环境场合。

5）半双工通信。RS485 接口通常使用半双工通信模式，即同一时间内只能进行发送或接收操作，但可以在短时间内切换发送和接收操作。

RS485 接口在工业自动化、通信、数据采集等领域得到广泛应用。它可以用于连接 PLC、传感器、仪器仪表、监控设备等，实现可靠的数据传输和通信。同时，RS485 接口也支持多个设备之间的通信，灵活性较大。

任务实施

微课视频

DB9 针串口制作及测试

（1）任务实施设备：DB9 针串口公头和母头、双绞线、剥线钳、螺丝刀、电烙铁、焊锡、万用表。

（2）任务实施过程：制作 DB9 针串口，剥线、焊线、组装。

（3）任务实施效果：通过 DB9 针串口实现两台计算机之间的通信。

任务评价

任务实施评价见表 2-1。

表 2-1　任务实施评价表

____学年		工作形式：□个人　□小组分工　□小组	评分		工作时间
任务	训练内容与分值	训练要求	学生自评	教师评分	
工业串行通信接口认知	1. 工业通信接口的定义、分类和标准的描述（20 分）	正确描述工业通信接口的定义、分类和标准（20 分）			
	2. 工业设备串口通信接口的辨别（20 分）	正确辨别工业设备支持的串口通信接口类型（10 分） 按照控制要求正确进行工业设备串口通信硬件连接（10 分）			
	3. DB9 针串口制作（30 分）	DB9 针串口制作所需设备准备（10 分） 正确制作 DB9 针串口，检测通断（20 分）			
	4. DB9 针串口实现两台计算机通信（20 分）	正确使用 DB9 针串口连接两台计算机（10 分） 正确设置两台计算机的通信参数并实现通信（10 分）			

续表

____学年		工作形式：□个人　□小组分工　□小组	评分		工作时间
任务	训练内容与分值	训练要求	学生自评	教师评分	
	5. 职业素养与安全意识（10 分）	分工合作，配合紧密；遵守纪律，保持平台整洁（10 分）			
	总分：100 分	学生：　　　　教师：　　　　日期：			

任务 2.2　工业以太网通信接口认知

任务描述

工业以太网通信接口是一种用于工业环境的网络接口，它采用 RJ45 接口标准。RJ45 是 Registered Jack 45 的缩写，是通信设备中常用的一种物理接口，用于连接以太网设备，包括计算机、路由器、交换机等。RJ45 接口通常采用 8P8C（8 位插头 8 位插槽）结构，与工业以太网通信接口的连接方式相匹配。工业以太网通信接口通过 RJ45 接口与其他设备进行数据传输，实现工业环境下的网络通信。

本任务在充分理解工业以太网通信接口特点的基础上，使用 RJ45 水晶头制作一根网线。通过自制的网线，两台计算机之间可以实现文件传输功能。

知识链接

2.2.1 工业以太网通信接口的特点

工业以太网通信接口是一种用于工业自动化领域的通信接口标准，基于以太网技术，并针对工业环境的特殊需求进行了优化和扩展。它提供了高速、可靠、实时的数据传输，广泛应用于工业控制系统、智能制造、机器人控制等领域。

工业以太网通信接口的特点包括：

（1）高速传输。工业以太网通信接口支持更高的传输速率，通常可以达到千兆位每秒（Gbps）甚至更高的速率。这使得它能够适用于对实时性要求较高的场景。

（2）可靠性。工业以太网通信接口通过采用冗余技术和网络拓扑结构，提供了更高的可靠性。例如，工业以太网通信接口通过使用冗余链路和冗余设备，可以实现网络出现故障时的自动切换，提供无缝衔接的通信。

（3）实时性。工业以太网通信接口支持实时通信，通过使用时间同步协议和实时优先级机制，确保数据的准确性和及时性。这使得它适用于对时间要求较高的场景。

（4）工业级别耐用性。工业以太网通信接口通常采用工业级组件和防护设计，具有较高的抗干扰能力和耐用性。它能够适应恶劣的工业环境，如高温、高湿等。

（5）网络管理。工业以太网通信接口支持网络管理功能，可以通过网络管理软件实现对网络设备的配置、监控和故障诊断，提供更好的网络管理能力。

工业以太网通信接口常用的标准包括 Ethernet/IP、PROFINET、Modbus TCP 等。这些标准在工业自动化领域得到广泛应用，提供了灵活、可扩展的通信方案，使得设备之间可以进行高效的数据交换和协同工作。

2.2.2 RJ45 以太网通信接口

RJ45 以太网通信接口通常使用 Cat 5e 或 Cat 6 以太网电缆进行连接。

RJ45 以太网通信接口的特点包括：

（1）通用性。RJ45 以太网通信接口是一种通用的接口标准，广泛应用于各种网络设备，不仅适用于家庭局域网（LAN）中的计算机和路由器，也适用于企业网络、数据中心和工业自动化等领域。

（2）简单连接。RJ45 以太网通信接口采用插拔式连接方式，连接起来非常方便。只需将插头插入 RJ45 接口，插槽中的金属触点就能与电缆中的导线接触，实现数据传输。

（3）支持高速传输。RJ45 以太网通信接口支持高速的以太网传输速率，如千兆以太网（Gigabit Ethernet）和万兆以太网（10 Gigabit Ethernet）。这使得它能够满足现代网络应用对高带宽的需求。

（4）可靠性。RJ45 以太网通信接口采用金属触点和插拔式连接，确保了传输的可靠性。它通常具有较好的抗干扰性能，能有效地减少数据传输中的信号干扰。

（5）多功能性。RJ45 以太网通信接口不仅可以传输数据，还可以支持其他功能，如传输音频、视频和电源等。例如，通过 Power over Ethernet（PoE）技术，RJ45 以太网通信接口可以通过以太网电缆为某些设备提供电源。

（6）标准化。RJ45 以太网通信接口的连接规范和电气参数已经标准化，确保了不同品牌和型号的设备之间的互操作性。

总的来说，RJ45 以太网通信接口是一种常用的物理接口，用于连接以太网设备，实现高速、可靠的数据传输。它的广泛应用和标准化使得网络设备之间的连接更加简单和方便。

2.2.3 工业 RJ45 以太网通信接口

工业 RJ45 以太网通信接口是专门用于工业环境中的一种物理接口，相比普通 RJ45 以太网通信接口，它具有更高的耐用性和抗干扰能力，能适应恶劣的工业环境条件。

工业 RJ45 以太网通信接口的特点包括：

（1）耐用性。工业 RJ45 以太网通信接口通常采用工业级连接器和材料，具有更高的耐用性和可靠性。它可以经受住工业环境中的震动、冲击、湿度等不利因素的影响。

（2）防护设计。工业 RJ45 以太网通信接口通常具有防水、防尘、防腐蚀等特性，以满足工业环境的要求。这样可以保证连接器的稳定性和可靠性。

（3）抗干扰能力。工业 RJ45 以太网通信接口采用屏蔽设计，可以有效地抵御电磁干扰。这对于工业环境中存在的电磁干扰源（如电机、变频器等）非常重要，可以保证数据传输的稳定性和可靠性。

（4）工作温度范围。工业 RJ45 以太网通信接口通常具有更宽广的工作温度范围，能够在极端的温度条件下正常工作。这对于一些特殊工业环境，如冷库、高温车间等，非常重要。

（5）防误操作设计。工业 RJ45 以太网通信接口通常采用特殊的连接方式，如螺纹连接或锁扣连接，以防止误操作和松动。

工业 RJ45 以太网通信接口广泛应用于工业自动化领域，如工业机器人、PLC 控制器、工业交换机等设备之间的数据通信。它能够提供可靠、高速的数据传输，支持实时监测和控制，满足工业环境对通信的特殊要求。

2.2.4 工业以太网通信接口与工业串行通信接口的区别

工业以太网通信接口和工业串行通信接口是工业领域中常见的两种通信接口，它们在数据传输方式、传输速率、连接方式和应用场景等方面有一些区别。

1. 数据传输方式

工业以太网通信接口使用以太网协议进行数据传输，采用数据包（Packet）的形式进行通信。数据以数据包的形式进行分组传输，可以同时传输多个数据流，支持高速、实时的数据传输。

工业串行通信接口使用串行通信方式进行数据传输，数据以连续的位流的形式进行传输。每个数据位按照一定的时序进行传输，只能传输一个数据流，传输速率相对较低。

2. 传输速率

工业以太网通信接口支持高速数据传输，通常可以达到百兆甚至千兆的传输速率。这使得它适用于需要大量数据传输和对实时性要求较高的场景。

工业串行通信接口的传输速率相对较低，通常在几万千位每秒到十万千位每秒之间。它适用于对传输速率要求不高的场景。

3. 连接方式

工业以太网通信接口使用标准的以太网连接方式，通常使用 RJ45 接口进行连接。它可以通过交换机、路由器等网络设备进行扩展和连接。

工业串行通信接口通常使用 DB9 或 DB25 接口进行连接，需要使用串口线缆进行连接。它可以直接连接到外部设备，如打印机、调制解调器等。

4. 应用场景

工业以太网通信接口适用于需要高速、实时数据传输的工业自动化和控制系统。它可以连接多个设备和系统，实现数据共享和远程监控。

工业串行通信接口通常用于连接较简单的设备和传感器，如打印机、条码扫描器、温度传感器等。

总的来说，工业以太网通信接口适用于高速、实时数据传输和复杂的网络环境，而工业串行通信接口适用于低速、简单的设备连接和控制。在选择通信接口时，我们需要根据具体的应用需求和设备兼容性进行选择。

任务实施

（1）任务实施设备：RJ45 水晶头、双绞线、网线钳、万用表、网线测试仪。

（2）任务实施过程：网线制作过程，包括剥线、排线、压线等。

（3）任务实施效果：通过制作的网线实现两台计算机之间的通信。

任务评价

任务实施评价见表 2-2。

表 2-2　任务实施评价表

____学年		工作形式：□个人　□小组分工　□小组	评分		工作时间
任务	训练内容与分值	训练要求	学生自评	教师评分	
工业以太网通信接口认知	1. 工业以太网通信接口的特点、与工业串行通信接口的区别描述（20 分）	正确描述工业以太网通信接口的特点（10 分） 正确描述工业以太网通信接口与工业串行通信接口的区别（10 分）			
	2. 工业以太网通信接口的辨别（20 分）	正确辨别工业设备支持的工业以太网通信接口类型（10 分） 按照控制要求正确进行工业设备以太网通信接口硬件连接（10 分）			
	3. 使用 RJ45 水晶头进行网线制作（30 分）	网线制作所需设备准备（10 分） 正确制作网线，检测通断（20 分）			
	4. 使用网线实现两台计算机间的通信（20 分）	正确使用网线连接两台计算机（ 10 分） 正确设置两台计算机的通信参数并实现通信（10 分）			
	5. 职业素养与安全意识（10 分）	分工合作，配合紧密；遵守纪律，保持平台整洁（10 分）			
	总分：100 分	学生：　　　　教师：　　　　日期：			

项目小结

通过本项目的学习，读者能够了解工业通信接口的定义、分类、特点及应用场合；理解工业串行通信接口与工业以太网通信接口的特点和区别；能够正确识别工业网络控制系统中通信接口的类型；能够根据通信要求，选择合适的通信接口；掌握工业串行通信接口和工业以太网通信接口的制作方法。

思考与练习

1. 思考题

（1）什么是工业通信接口？它有哪些作用？

（2）工业通信接口按照物理接口类型分为哪几类？

（3）工业通信接口按照数据传输方式分为哪几类？

（4）常用的工业串行通信接口标准有哪些？各自的特点有哪些？

（5）工业串行通信接口与工业以太网通信接口的区别有哪些？

2. 操作题

（1）使用专业工具，制作一根 RS232 DB9 针串行通信线缆并测试。

（2）使用专业工具，制作一根网线并测试。

项目 3

Modbus 现场总线及其应用

项目引入

Modbus 是 Modicon 公司（现属于施耐德电气公司）于 1979 年开发的一种通用串行通信协议，是国际上第一个真正应用于工业控制的现场总线协议。由于其功能完善且使用简单、数据易于处理，因此 Modbus 在各种智能设备中被广泛采用，得到了诸如通用电气（GE）、西门子（Siemens）等大公司的应用，并把它作为一种标准的通信接口提供给用户。许多工业设备包括 PLC、智能仪表等都在使用 Modbus 协议作为它们之间的通信标准。由于施耐德电气公司的推动，加上相对低廉的实现成本，Modbus 现场总线在低压配电市场上所占的份额大大超过了其他现场总线，成为低压配电领域应用最广泛的现场总线。Modbus 尤其适用于小型控制系统或单机控制系统，可以实现低成本、高性能的主从式计算机网络监控。1996 年，施耐德电气公司又推出了基于以太网 TCP/IP 协议的 Modbus TCP。2008 年 3 月，Modbus 正式成为我国工业通信领域现场总线技术国家标准 GB/T 19582—2008。

本项目通过引入 Modbus 协议在西门子 PLC、触摸屏与智能仪表上的应用案例，带领大家学习 Modbus 现场总线的相关知识和技术；了解 Modbus 现场总线的发展、特点及应用范围；理解 Modbus 协议的特点及常用功能码的含义；学会 PLC 等工业设备之间 Modbus RTU 协议通信系统的构建方法；能够根据控制需求，设置 Modbus 通信参数，编写和调试 Modbus RTU 通信程序。

项目描述

作为全球第一个真正用于工业现场的总线协议，Modbus 凭借其简单开放的通信方式，迅速在工业系统中流行开来，成为工业领域通信协议的业界标准。本项目主要包括 Modbus 现场总线协议认知、工业组态软件与智能仪表的 Modbus RTU 通信、两台西门子 S7-1500 PLC 的 Modbus RTU 通信三个任务。本项目系统介绍了 Modbus 协议的特点及信息帧结构、Modbus 协议常用功能码的含义及用法、西门子 PLC Modbus RTU 通信指令及用法、Modbus RTU 协议通信系统的构建方法和通信程序设计方法。

项目目标

知识目标

1. 了解 Modbus 现场总线的发展、特点及应用范围。
2. 熟悉 Modbus RTU 的特点及信息帧结构。
3. 掌握 Modbus 协议常用功能码的含义及用法。
4. 掌握西门子 PLC Modbus RTU 通信指令及用法。

技能目标

1. 能根据控制要求，构建 Modbus 现场总线通信系统。
2. 能根据控制要求，借助串口调试软件，使用 Modbus RTU 协议信息帧读取智能仪表信息。
3. 能根据控制要求，借助工业组态软件，实现工业组态软件与智能仪表之间的 Modbus RTU 通信。
4. 能根据控制要求，借助西门子博途软件，实现两台西门子 S7-1500 PLC 之间的 Modbus RTU 通信。

素养目标

1. 通过项目任务学习，养成自主学习的习惯，树立技术报国的思想意识。
2. 通过项目任务分析，培养积极思考、举一反三地解决问题的能力。
3. 通过项目任务实施，培养团队协作能力，提升信息归纳、总结、提炼能力。

任务 3.1　Modbus 现场总线协议认知

任务描述

本任务在充分理解 Modbus 协议的特点、Modbus RTU 协议信息帧结构的基础上，使用串口调试软件，编写 Modbus RTU 信息帧，采集支持 Modbus RTU 协议的智能温湿度仪表信息，获取环境温湿度信息，从而加深对 Modbus RTU 信息帧的理解和应用。

知识链接

3.1.1 Modbus 协议

Modbus 协议是用于工业现场的总线协议，并经过大多数公司的实际应用而逐渐被认可。如今，Modbus 已成为一种标准的通信规约，只要按照这种规约进行数据通信或传输，不同的系统就可以通信。Modbus 协议是一种应用层报文传输协议（OSI 模型第 7 层），它定义了一个与通信层无关的协议数据单元（Protocol Data Unit，PDU），PDU=（功能码 + 数据）。Modbus 协议只定义了通信消息的结构，对物理端口没有作具体规定，支持 RS232、RS422、RS485 和以太网通信接口，可以作为各种智能设备、仪表之间的通信标准，方便地将不同厂商生产的控制设备连接成工业网络。许多工业设备，包括 PLC、DCS、智能仪表等，都在使用 Modbus 协议作为它们之间的通信标准。图 3-1 体现了 Modbus 广泛的使用范围。

微课视频

Modbus 通信协议 1

Modbus 分为串口协议和网口协议，可用于不同的总线或网络。对应于不同的总线或网络，Modbus 协议引入一些附加域并映射成应用数据单元（Application Data Unit，ADU），ADU=（附加域 + PDU），它包括 RTU、ASCII 和 TCP 三种报文类型。Modbus 的数据通信采用主从方式。网络中只有一个主设备，通信采用查询—响应的方式进行。主设备初始化系统通信设置，并向从设备发送消息，从设备正确接收消息后响应主设备的查询或根据主设备的消息做出响应。主设备可以是 PC、PLC 或其他工业控制设备，可以单独和从设备通信，也可以通过广播方式和所有从设备通信。单独通信时，从设备需要返回一条消息作为响应，从设备的响应消息也由 Modbus 信息帧构成，而以广播方式查询的，则不做任何响应。主从设备查询—响应周期如图 3-2 所示。

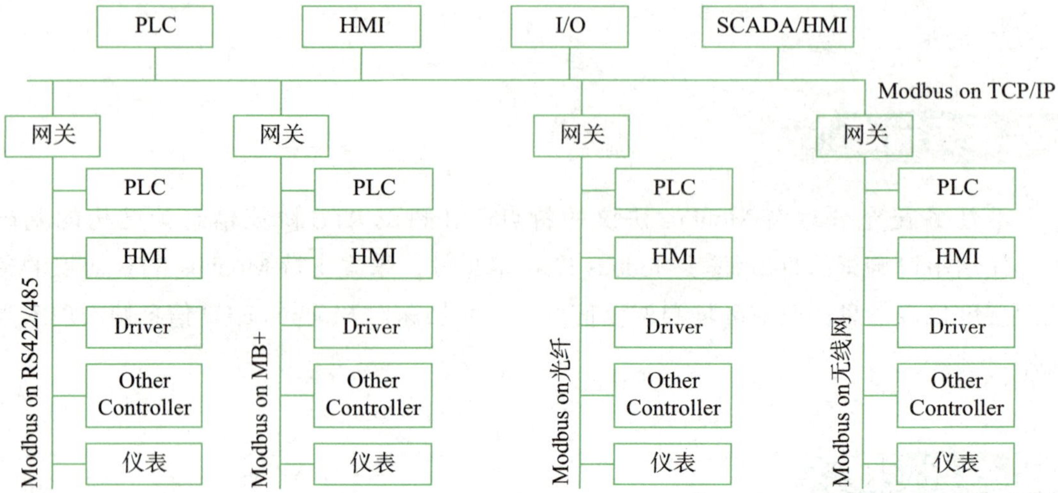

图 3-1　Modbus 网络结构图

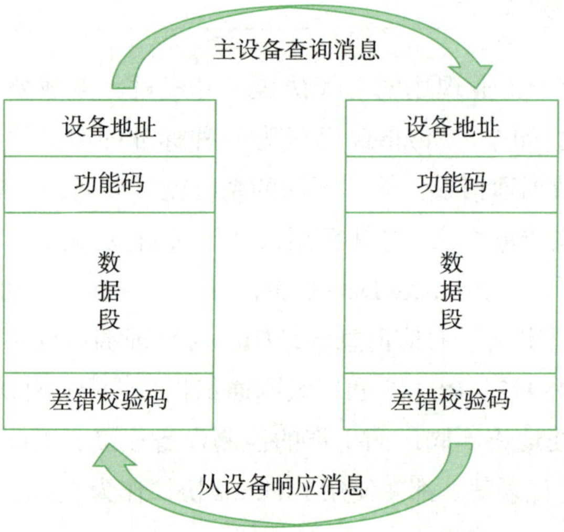

图 3-2　主从设备查询—响应周期

在图 3-2 中，查询消息中的功能码表示被选中的从设备要执行何种功能，例如，指定的从设备地址为 1，功能码为 03，则含义是要求读取 1 号从站的多个寄存器值并返回它们的内容。数据段包括从设备要执行功能的任何附加消息，例如，从哪个寄存器地址开始读数据、要读的寄存器数量是多少个。差错校验码为从设备提供了一种验证消息内容是否正确的方法。

如果从设备产生正常的响应，则响应消息中的功能码是对查询消息中的功能码的响应。数据段包括从设备收集的数据：寄存器的数据或状态。如果在消息接收过程中发生错误或从设备不能执行其命令，那么从设备将建立一个错误的消息并把它作为响应发送，功能码将被修改以指出响应消息是错误的。此外，数据段还包括描述此错误信息的代码。差错校验码允许主设备确认消息内容是否可用。

Modbus 协议描述了控制器请求访问其他设备的过程、如何响应来自其他设备的请求以及怎样侦测错误并记录。其特点如下：

（1）标准、开放，用户可以免费、放心地使用 Modbus 协议，不需要缴纳许可费用，也不会侵犯知识产权。目前，支持 Modbus 协议的厂家超过 400 家，支持 Modbus 协议的产品超过 600 种。

（2）Modbus 协议支持多种电气接口，如 RS232、RS485 和以太网等，还可以在各种介质上传送数据，如双绞线、光纤和无线通信介质等。

（3）Modbus 协议的帧格式简单、紧凑，通俗易懂，用户使用容易，厂商开发简单。

Modbus 串口通信主要在 RS485、RS232 等物理接口上实现 Modbus 协议，传输模式有 RTU（远程终端单元）和 ASCII（美国信息交换标准代码）两种可选。这两种模式只是信息编码不同。RTU 模式采用二进制表示数据的方式，而 ASCII 模式使用的字符是 RTU 模式的 2 倍，即在相同传输速率下，RTU 模式比 ASCII 模式传输效率要提高 1 倍，但 RTU 模式对系统的时间要求较高，而 ASCII 模式允许两个字符发送的时间间隔达到 1 秒而不产生错误。

在一个 Modbus 串口通信系统中只能选择一种传输模式，不允许两种模式混合使用，即被设置为 RTU 通信方式的节点不会和设置为 ASCII 通信方式的节点进行通信，反之亦然。通信系统选用哪种传输模式可由主设备决定。Modbus RTU 是一种较为理想的串口通信协议，也是得到最为广泛应用的工业化协议，常见的通信速率为 9 600bps 和 19 200bps。

本任务主要介绍 Modbus RTU 的基本概念和应用。

3.1.2 串行链路上的 Modbus RTU 协议

Modbus 串行链路协议是一个主从协议，该协议位于 OSI 模型的第二层。在物理层，Modbus 串行链路系统可以采用不同的物理接口（RS485、RS232）。最常用的是 EIA/TIA485（RS485）2 线制接口，也可以实现 RS485 4 线制接口；当只需要短距离的点对点通信时，也可以使用 EIA/TIA232（RS232）串行接口。在 Modbus 串行链路上，客户机的功能由主节点提供，而服务器功能由子节点实现。Modbus 串行通信栈对应于 7 层 OSI 模型的关系如图 3-3 所示。

微课视频

OSI 参考模型 1

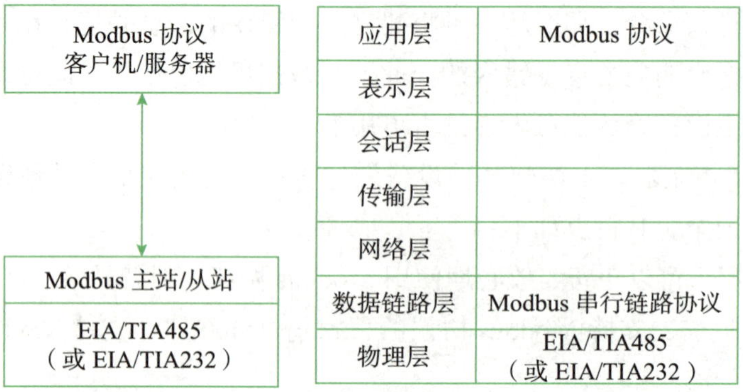

图 3-3　Modbus 串行通信栈对应于 7 层 OSI 模型的关系

微课视频

OSI 参考模型 2

微课视频

OSI 参考模型 3

1. 物理层

Modbus 标准串行线路采用与 EIA/TIA485 标准规定相适应的电气接口（也称为 RS485 标准）。该标准允许配置成“两线结构”的点对点和多点通信（常用），也可配置成“四线结构”。另外，短距离的点对点通信也可采用 RS232 标准。在 Modbus 系统中，主设备和一个或多个从设备在串行无源线路上通信。所有设备（并行）连接在一条干线电缆上，设备通过螺钉端子、RJ45 或 D 型连接器与电缆相接。Modbus 网络有多种传输速率可供选择：1 200bps、2 400bps、4 800bps、9 600bps、19.2kbps、56kbps 等，其中 9 600bps 和 19.2kbps 是首选，默认的是 19.2kbps。

本任务采用 2 线制 RS485 电气接口。在标准的 Modbus 系统中，所有设备通常（并行）连接在一条由三条线组成的干线电缆上。其中，两条导线形成一对平衡双绞线，用于双向传送数据，第三条导线把总线上所有设备与公共地连接，如图 3-4 所示。在 2 线制总线上，任何时候都只有一个驱动器有权发送信号。

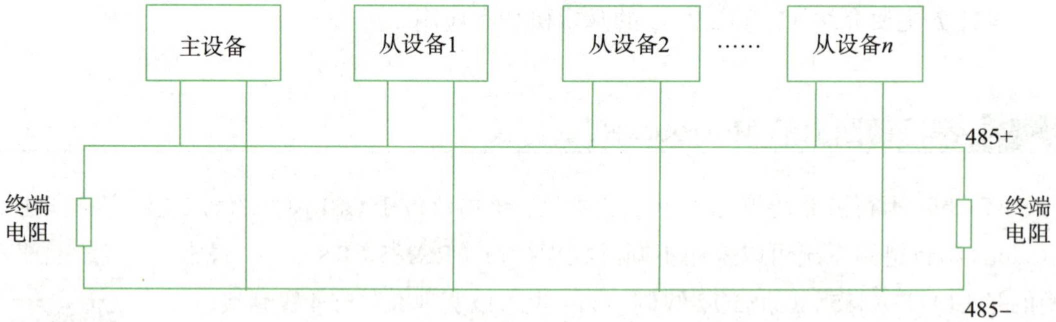

图 3-4　2 线制 RS485 的拓扑结构

2. Modbus 数据链路层

（1）Modbus 主从站协议。

Modbus 总线系统由一个主节点以及一个或多个从节点（最大编号为 247）组成。Modbus 通信是由主节点发起的，从节点在没有收到来自主节点的请求时，不能发送数据。从节点之间也不能互相通信。主节点在同一时刻只会发起一个 Modbus 事务处理。

微课视频

Modbus 通信协议 2

主节点以两种模式对从节点发出 Modbus 请求：

1）单播模式：主节点通过特定地址访问某个从节点，从节点接收并处理完请求后，向主节点返回一个报文（一个“应答”）。每个从节点必须有唯一的地址（1~247），这样才能区别于其他节点被独立地寻址。

2）广播模式：主节点向所有的从节点发送请求，从节点无须返回应答。广播请求一般用于写命令。所有设备必须接受广播模式的写功能。地址 0 是专门用于表示广播数据的。

（2）Modbus RTU 传输模式。

根据报文域的位内容以及信息编码和解码方式的不同，Modbus 定义了两种传输模式：RTU 模式和 ASCII 模式。Modbus 所有设备必须能够实现 RTU 模式（默认设置），在特定的领域可选用 ASCII 模式。串行链路上所有设备的传输模式（和串行接口参数）设置必须相同。

Modbus 在串行链路上的信息帧结构如图 3-5 所示。为了与从设备进行通信，主设备会发送一段包含地址码、功能码、数据段、差错校验码在内的信息。

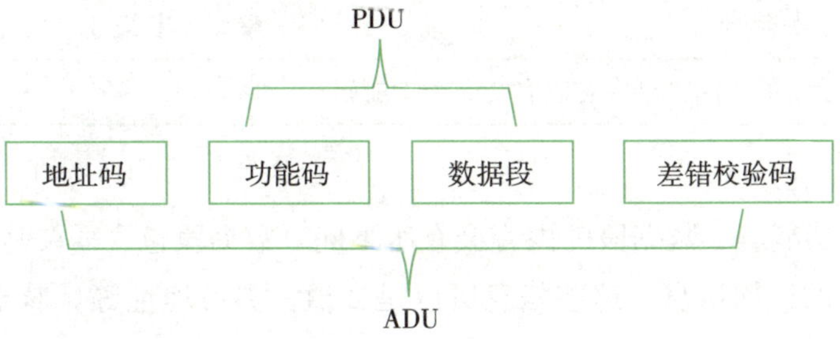

图 3-5　Modbus 在串行链路上的信息帧结构

1）地址码。

信息帧的第一个字节是设备地址码，此字节表明由用户设置地址的从设备将接收由主设备发送来的信息。每个从设备都必须有唯一的地址码，并且只有符合地址码的从设备才能响应回送。当从设备回送信息时，相应的地址码表明该信息来自何处。设备地址是一个从 0 到 247 的数字，发送给地址 0 的信息可以被所有从设备接收到，但是数字 1~247 是特定设备的地址，相应地址的从设备总是会对 Modbus 信息做出响应，这样主设备就知道这条信息已经被从设备接收到了。

2）功能码。

功能码定义了从设备应该执行的命令，如读取数据、接收数据、报告状态等（见表 3-1）。有些功能码还拥有子功能码。主设备请求发送，通过功能码告诉从设备执行什么动作；作为从设备的响应，从设备发送的功能码与从主设备得到的功能码一样，并表明从设备已响应主设备进行操作。功能码的范围是 1~255，有些代码适用于所有控制器，有些代码只能应用于某种控制器，还有些代码保留以备后用。

表 3-1　功能码

功能码	作用	数据类型
01	读开关量输出状态	位
02	读开关量输入状态	位
03	读取保持寄存器	整型、字符型、状态字、浮点型
04	读输入寄存器	整型、状态字、浮点型
05	写单个线圈	位
06	写单个寄存器	整型、字符型、状态字、浮点型
07	读异常状态	—
08	回送诊断校验	重复回送信息
15	写多个线圈	位
16	写多个寄存器	整型、字符型、状态字、浮点型
xx	根据设备的不同，最多可以有 255 个功能码	—

3）数据段。

对于不同的功能码，数据段的内容会有所不同。数据段包含需要从设备执行的动作或由从设备采集的返回信息，这些信息可以是数值、参考地址等。对于不同的从设备，地址和数据信息都不相同。例如，功能码告诉从设备读取寄存器的值，则数据段必须包含要读取寄存器的起始地址及读取长度。

4）差错校验码。

RTU 模式采用循环冗余校验码（CRC），该校验方式包含 2 字节的差错校验码，由传输设备计算后加入消息中，接收设备重新计算收到消息的 CRC，并与接收到的 CRC 域中的值比较，如果两值不同，则表明有错误。在有些系统里，还需要对数据进行奇偶校验，奇偶校验对每个字符都可用，而帧检测 CRC 应用于整个消息。

典型的 RTU 报文帧没有起始位，也没有停止位，而是以至少 3.5 个字符的时间停顿间隔标志一帧的开始或结束。报文帧由地址码、功能码、数据码和 CRC 校验码构成，所有字符位由十六进制 0~9、A~F 组成。

需要注意的是，在 RTU 模式中，整个消息必须作为一个连续的数据流进行传输，如果在消息帧完成之前有超过 1.5 个字符时间的停顿间隔发生，那么接收设备将刷新未完成的报文并假定下一字节将是一个新消息的地址码。同样地，如果一个新消息在小于 3.5 个字符时间内紧跟前一个消息开始，那么接收设备将认为它是前一个消息的延续。如果在传输过程中有以上两种情况发生的话，就会导致 CRC 校验产生一个错误消息，并反馈给发送方设备。网络设备不断侦测网络总线，即使在停顿间隔时间内也不例外。当接收到第一个码（地址码）时，每个设备都会进行解码，以判断是否是发给自己的；在最后一个传输字符之后，一个至少 3.5 个字符时间的停顿标志着消息的结束；一个新的消息可在此停顿后开始。

任务实施

微课视频　Modbus 温湿度模块

微课视频　串口调试软件使用方法

微课视频　串口调试软件修改 RSDS13 温湿度模块地址

1. 控制要求

采用 Modbus RTU 协议，使用串口调试软件，读取智能仪表检测的现场环境的温度值和湿度值。根据控制要求，修改智能仪表通信地址和通信参数。

2. 硬件配置

系统选用型号为 RSDS13 的智能温湿度模块 1 个（如图 3-6 所示）、USB 转 485 转换接口 1 个（如图 3-7 所示）、CRC 计算软件 1 个、装有串口调试软件的计算机 1 台。串口调试软件调试界面如图 3-8 所示，硬件连接如图 3-9 所示。

图 3-6　RSDS13 智能温湿度模块

图 3-7　USB 转 485 转换接口

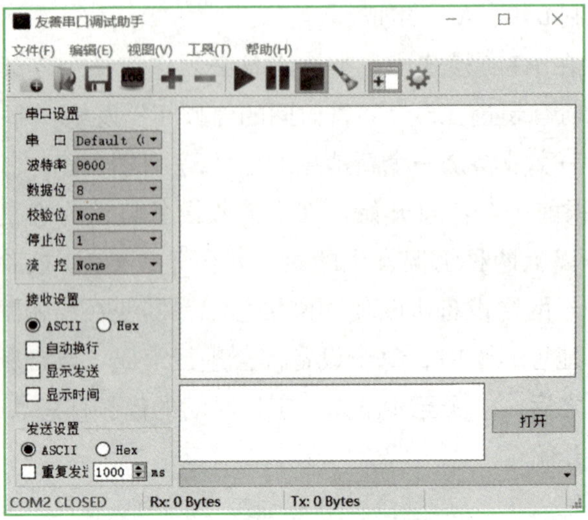

图 3-8 串口调试软件调试界面

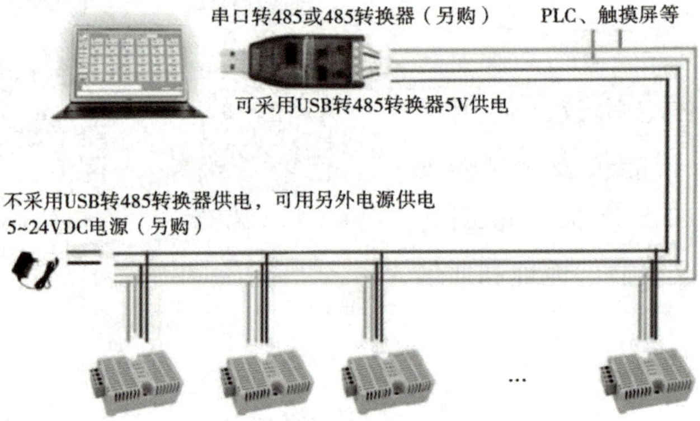

图 3-9 硬件连接图

RSDS13 智能温湿度模块广泛应用于仓库、工厂、办公场所、机房等环境的温湿度监测，采用标准 Modbus RTU 协议，运用 RS485 通信，通信距离可达上千米。RS485 有 TVS 管保护，通信过程中有 LED 工作状态指示，功耗低，价格低廉，适用于对测量精度要求不是特别高的环境。模块通信波特率默认值为 9 600bps（可调），1 位起始位，1 位停止位，8 位数据位，无校验位。RSDS13 智能温湿度模块电气参数见表 3-2。RSDS13 智能温湿度模块寄存器地址功能见表 3-3。

表 3-2 RSDS13 智能温湿度模块电气参数

名称	内容
型号	RSDS13
供电电压	5~24VDC

续表

名称	内容
工作环境温度	–20~+60°C
工作环境湿度	0~95%RH（不结露水）
温度测量范围	–20~+70°C（不建议超过 60°C）
湿度测量范围	0~100%RH（不建议超过 95%RH）
通信协议	标准 Modbus RTU 协议
通信输出	1 路 RS485
温度分辨率	± 0.1°C
湿度分辨率	± 0.1%RH
波特率	默认值为 9 600bps（可调），8 位数据位，1 位停止位，无校验位（不可改）
通信地址	默认为 1（可改，范围为 1~254）
温湿度修正	–12.8~+12.7，可修正（用于修正温湿度误差）
转换速度	1~255 秒 / 次（出厂默认为 10 秒，时间越长，功耗越低）
安装方式	标准 35mm DIN 导轨安装

波特率数值对应的实际波特率为：从 0 开始，数字为 5 时对应的波特率为 9 600bps。波特率可设置为 300、600、1 200、2 400、4 800、9 600、19 200、38 400、43 000、56 000、57 600、115 200（单位：bps），对应于数值 0、1、2、3、4、5、6、7、8、9、10、11。注意：波特率修改后需要重新上电后才生效，出厂默认值为 9 600bps。

表 3-3　RSDS13 智能温湿度模块寄存器地址功能

寄存器地址（十进制）	功能	R/W（读 / 写）
00	温度数据	R
01	设备地址（出厂默认 1）	R/W
02	转换速度（出厂默认 10）	R/W
03	波特率（出厂默认 9 600）	R/W
04	温度偏移值（出厂默认 0）	R/W
05	湿度偏移值（出厂默认 0）	R/W
06	LED 点亮使能（常亮，可用于工作正常识别和电源指示）	R/W
07	通信数据 LED 闪烁使能（出厂默认开）	R/W
10	温度数据	R
11	湿度数据	R
14	自动发送使能（出厂默认 0）	R/W

续表

寄存器地址（十进制）	功能	（R/W）读写
15	自动发送间隔（出厂默认 10）	R/W
16	自动发送协议（出厂默认 0）	R/W
17	ID 号高 16 位	R
18	ID 号低 16 位	R

以读取模块 00 号寄存器中的温度值为例，RSDS13 智能温湿度模块读取指令和返回信息见表 3-4、表 3-5。以更改 01 号寄存器中的模块地址为例，更改指令见表 3-6。该模块中所有的发送指令和返回信息均为十六进制表达形式。

表 3-4　RSDS13 智能温湿度模块读取指令

指令	01	03	00	00	00	01	84	0A
说明	设备地址	读指令功能码	寄存器起始地址高	寄存器起始地址低	读取数量高位	读取数量低位	CRC 校验码高位	CRC 校验码低位

发送指令：01 03 00 00 00 01 84 0A。84 0A 为 01 03 00 00 00 01 的 CRC 检验码。发送指令表示读取设备地址为 01 的 RSDS13 智能温湿度模块中 00 号寄存器中的温度值，且只读取这一个寄存器中的数值。

表 3-5　RSDS13 智能温湿度模块读取指令的返回信息

指令	01	03	02	01	11	79	D8
说明	设备地址	读指令功能码	返回数据字节数	返回数据字节高位	返回数据字节低位	CRC 校验码高位	CRC 校验码低位

返回信息：01 03 02 01 11 79 D8。79 D8 为 01 03 02 01 11 的 CRC 检验码。返回信息中，02 表示返回 2 字节的信息，01 11 表示十六进制的温度值，先转换成十进制为 273，再除以 10 后就是环境温度值，即 27.3°C。负值为补码（也就是温度值为有符号数），例如 0XFFFF 值为负 1，即 −0.1°C。

表 3-6　RSDS13 智能温湿度模块更改指令

指令	00	06	00	01	00	01	18	1B
说明	设备地址	写指令功能码	寄存器起始地址高	寄存器起始地址低	写入数据高位	写入数据低位	CRC 校验码高位	CRC 校验码低位

发送指令：00 06 00 01 00 01 18 1B。设备地址 00 表示设备地址未知，采用广播寻址方式。通过广播寻址的方式向 RSDS13 智能温湿度模块的 01 号寄存器中写入 00 01，将设备地址修改为 01。更改命令发送成功后，该模块地址将被修改为 01。

3. 实施步骤

（1）读单个寄存器。

使用串口调试软件读取 RSDS13 智能温湿度模块中 10 号寄存器中的温度值。

打开串口调试软件，设置通信参数：串口号 COM3（即 USB 转 485 转换接口在计算机上虚拟的串口号，可通过右击电脑→“管理”→“设备管理器”进行查看），波特率为 9 600bps，8 位数据位，无校验位，1 位停止位，流控无，接收设置和发送设置均设置为 Hex（十六进制）。后续串口调试软件设置与上述一样，不再赘述。

根据读取要求，在串口调试软件的发送区域编写发送命令：01 03 00 0A 00 01 A4 08。00 0A 即 10 号寄存器十六进制表达形式。返回信息：01 03 02 00 A1 79 FC。00 A1 为温度信息，转换为十进制即 161，除以 10 即 16.1°C，如图 3-10 所示。

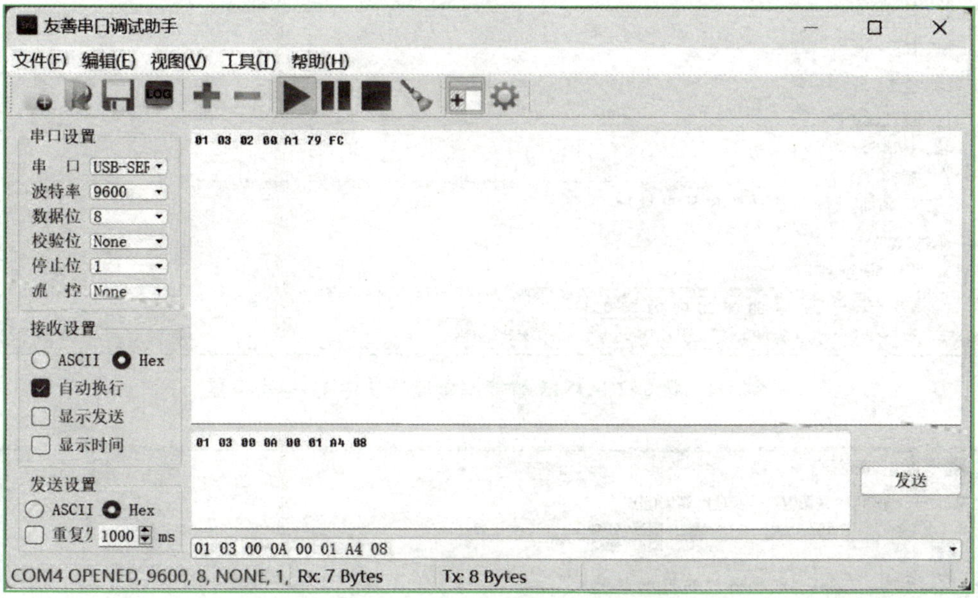

图 3-10　读取 RSDS13 智能温湿度模块中 10 号寄存器

（2）读单个寄存器。

使用串口调试软件读取 RSDS13 智能温湿度模块中 11 号寄存器中的湿度值。

根据读取要求，在串口调试软件的发送区域编写发送命令：01 03 00 0B 00 01 F5 C8。00 0B 即 11 号寄存器十六进制表达形式。返回信息：01 03 02 01 E0 B8 5C。01 E0 为湿度信息，转换为十进制即 480，除以 10 即 48.0%RH，如图 3-11 所示。

（3）读多个寄存器。

使用串口调试软件读取 RSDS13 智能温湿度模块中 10 号寄存器中的温度值和 11 号寄存器中的湿度值。

根据读取要求，在串口调试软件的发送区域编写发送命令：01 03 00 0A 00 02 E4

09。00 0A 即 10 号寄存器十六进制表达形式。00 02 为读取的寄存器个数，表示从 10 号寄存器开始，读取 2 个寄存器中的信息，即 10 号寄存器和 11 号寄存器，也就是温度值和湿度值。返回信息：01 03 04 00 A2 01 DF 1B D9。00 A2 为温度信息，转换为十进制即 162，除以 10 即 16.2°C。01 DF 为湿度信息，转换为十进制即 479，除以 10 即 47.9%RH，如图 3-12 所示。

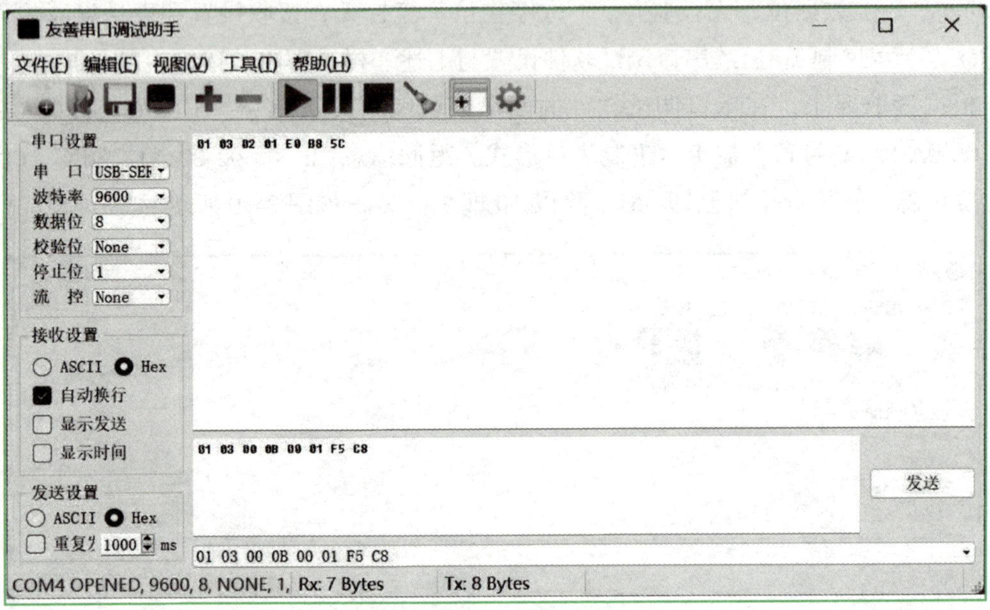

图 3-11 读取 RSDS13 智能温湿度模块中 11 号寄存器

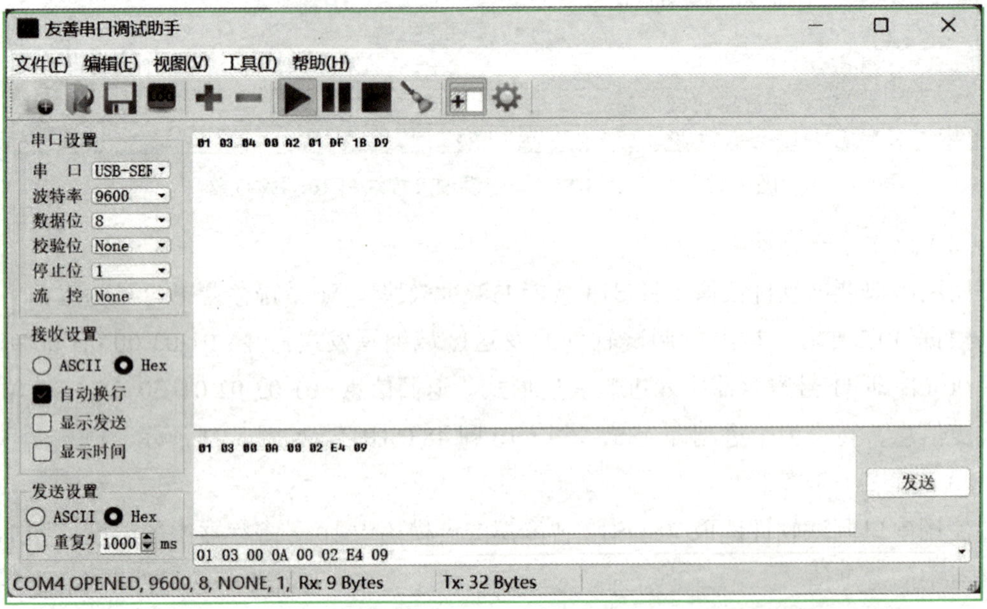

图 3-12 读取 RSDS13 智能温湿度模块中 10 号和 11 号寄存器

（4）更改设备地址。

已知 RSDS13 智能温湿度模块的设备地址为 1，使用串口调试软件修改 RSDS13 智能温湿度模块的设备地址为 2。

根据更改任务要求，在串口调试软件的发送区域编写发送命令：00 06 00 01 00 02 58 1A。00 为设备地址，06 功能码代表写单个寄存器，00 01 表示寄存器地址，00 02 表示写入寄存器的内容，即设备地址 2，58 1A 为 CRC 校验码。返回信息：00 06 00 01 00 02 58 1A。返回信息与更改指令相同，代表设备地址更改成功，如图 3-13 所示。

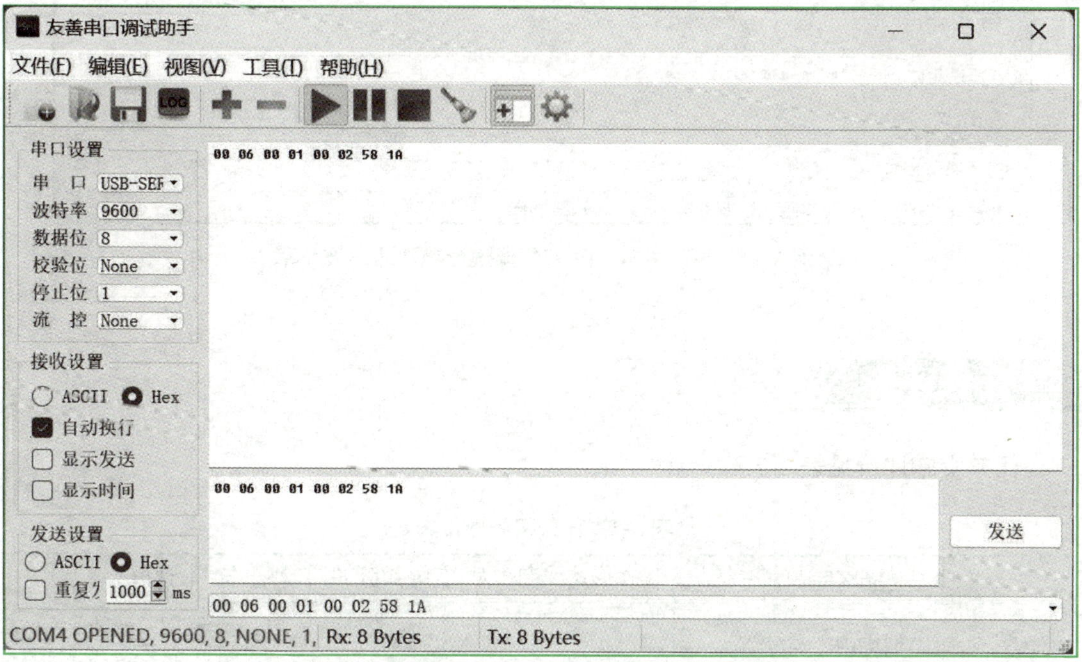

图 3-13　更改 RSDS13 智能温湿度模块设备地址

（5）更改设备通信波特率。

已知 RSDS13 智能温湿度模块通信波特率为 9 600bps，使用串口调试软件修改 RSDS13 智能温湿度模块通信波特率为 19 200bps。

根据更改任务要求，在串口调试软件的发送区域编写发送命令：01 06 00 03 00 06 F9 C8。01 为设备地址，06 功能码代表写单个寄存器，00 03 表示寄存器地址（该寄存器中存放模块通信波特率），00 06 表示写入寄存器的内容，对应的通信波特率为 19 200bps，F9 C8 为 CRC 校验码。返回信息：01 06 00 03 00 06 F9 C8。返回信息与更改指令相同，代表设备通信波特率更改成功，如图 3-14 所示。

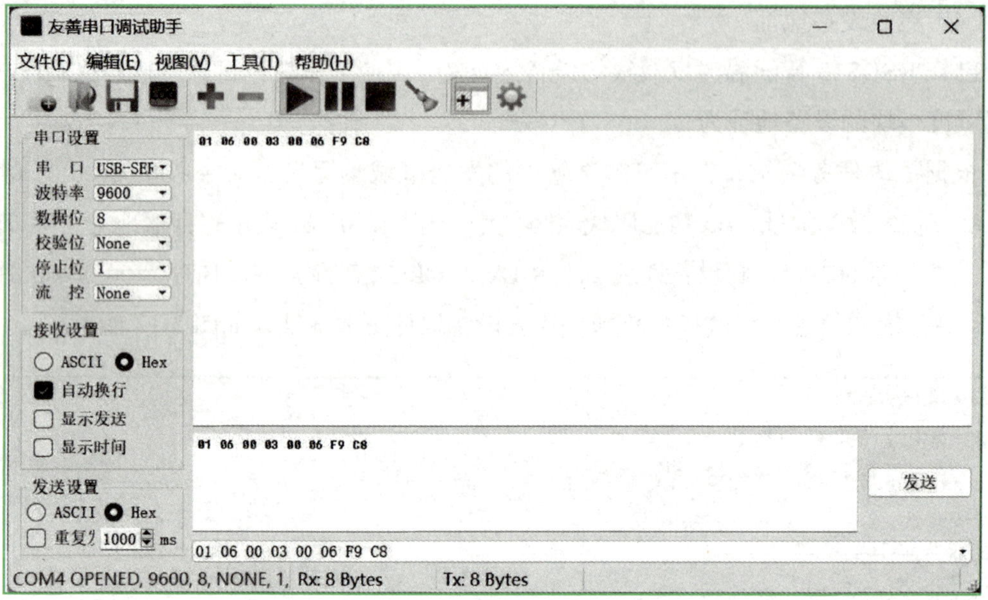

图 3-14 更改 RSDS13 智能温湿度模块通信波特率

任务评价

任务实施评价见表 3-7。

表 3-7 任务实施评价表

____学年		工作形式：□个人 □小组分工 □小组	评分		工作时间
任务	训练内容与分值	训练要求	学生自评	教师评分	
Modbus 现场总线协议认知	1. Modbus 现场总线的概念、发展及特点的描述（20 分）	正确描述 Modbus 现场总线的概念、发展及特点（20 分）			
	2. Modbus 现场总线电气接口类型辨别（20 分）	正确辨别 Modbus 现场总线电气接口类型（10 分） 按照控制要求正确进行 Modbus 现场总线硬件连接（10 分）			
	3. Modbus 现场总线信息帧应用（30 分）	正确理解 Modbus 现场总线信息帧的含义（10 分） 正确应用 Modbus 现场总线信息帧结构（20 分）			
	4. Modbus RTU 信息帧编写和识读（20 分）	正确编写 Modbus RTU 信息帧（10 分） 正确识读 Modbus RTU 信息帧（10 分）			

续表

<table>
<tr><td colspan="2">____学年</td><td>工作形式：□个人　□小组分工　□小组</td><td colspan="2">评分</td><td rowspan="2">工作时间</td></tr>
<tr><td>任务</td><td>训练内容与分值</td><td>训练要求</td><td>学生自评</td><td>教师评分</td></tr>
<tr><td rowspan="2"></td><td>5. 职业素养与安全意识（10 分）</td><td>分工合作，配合紧密；遵守纪律，保持平台整洁（10 分）</td><td></td><td></td><td></td></tr>
<tr><td>总分：100 分</td><td>学生：　　　　教师：</td><td colspan="3">日期：</td></tr>
</table>

任务 3.2 工业组态软件与智能仪表的 Modbus RTU 通信

任务描述

工业组态软件，也被称为工控组态软件或组态监控系统软件，是一种用于数据采集与过程控制的专业软件，它们是在自动控制系统监控层一级的软件平台和开发环境，使用灵活的组态方式，为用户提供快速构建工业自动控制系统监控功能的、通用层次的软件工具。

本任务在充分理解工业组态软件特点的基础上，使用国产 MCGS 组态软件采集 3 个 RSDS13 智能温湿度模块中的温湿度信息并显示，实现环境温湿度实时监测功能。

知识链接

3.2.1 工业组态软件概述

1. 工业组态软件的发展

工业组态软件的概念最早出现在 20 世纪 80 年代，当时的组态软件以图形化展示工业过程和设备状态为主。早期的工业组态软件是基于 DOS 系统开发的，主要产品包括 Onspec、Paragon 和 IFix 等。随着 Windows 系统的普及，进入 20 世纪 90 年代的工业组态软件大多基于 Windows 系统，如 InTouch、KingView、IFix 等。到了 21 世纪以后，工业组态软件在国内的应用逐渐得到了普及。随着工业生产和电子技术的不断发展，生产过程中的关键参数显示方式也开始发生改变，从基地式仪表和部分单元组合仪表（多数为气动仪表）逐渐转变为采用气动、电动单元组合仪表甚至组装仪表对关键参数进行指示。随着技术的发展和市场需求的变化，现在的工业组态软件已经能够适应更广泛的需求，并且具备了更多的功能和特性。例如，一些高级的工业组态软件不仅具有数据采集、信号处理、通信协议等功能，还具有界面设计、数据处理、报警处理等特性。

近年来，随着工业物联网的高速发展，我国的工业组态软件市场需求逐渐火热，很多企业开始自主研发工业组态软件。这些因素都在推动着工业组态软件的发展和变革。

2. 主流的工业组态软件

以前很长一段时间，我国的工业组态软件市场都由国外的产品占主导，本土的工业组态软件进入国际市场还有很长的路要走，需要具备综合优势。目前，我国的工程公司、自动化设备生产商在国际市场逐渐取得优势，对工业组态软件进入国际市场具有一定的推动作用。以北京昆仑通态自动化软件科技有限公司为代表的 MCGS 组态软件的崛起已经让国人感到兴奋不已（MCGS 的英文全称为“Monitor and Control Generated System”，即“监控与控制通用系统”）。

目前主流的几种工业组态软件及特点如下：

MCGS：作为国内一款主流的工业自动化组态软件，其主要包括三个版本，即网络版、通用版和嵌入版。每个版本都有自己的特性和适用场景。

KingView：作为国内广泛使用的自动化控制软件，其提供了丰富的数据采集和监控功能，并支持多种通信协议和数据库。

ForceControl：作为国内领先的 HMI/SCADA 自动化软件之一，其具有强大的实时数据库处理能力和复杂的数据处理功能。

KincoView：作为国内知名的自动化软件，其提供了包括数据采集、设备监控、报警管理等多种功能。

Weintek：主要用于工业自动化领域的数据采集和监控，支持多种通信协议和数据库。

WinCC：由西门子公司开发的一款复杂的 SCADA（数据采集与监控）系统，功能强大，广泛应用于各种工业自动化领域。

InTouch：Wonderware 公司旗下产品，也是国内应用较广泛的一款自动化控制软件。

IFix：GE 公司开发的一款自动化控制软件，主要用于实时数据库的开发和应用。

Citech：由悉雅特公司（已被施耐德公司收购，但独立运营）开发，主要用于工业自动化领域的数据采集和监控。

随着物联网技术的发展，当前的工业组态软件已经不再局限于数据可视化展示，而是逐渐进化为低代码可视化软件，可以通过类似搭积木的方式快速开发复杂的业务逻辑，满足各种工业生产需求。同时，国内的工业组态软件市场也在快速发展，许多国内企业都在积极进行自主研发，以满足不断增长的市场需求。

3. 工业组态软件发展趋势

工业组态软件的发展表现在两个方面：一方面是向大型平台软件发展，例如直接从组态软件发展成大型的计算机集成制造系统（CIMS）、企业资源规划（ERP）系统等；另一方面是向小型化方向发展，由通用组态软件演变为嵌入式组态软件，可使大量的工业控制设备或生产设备具有更多的自动化功能，促使自动化与信息化的“两化融合”程度快速提升，因此嵌入式方向的发展机会更多、市场容量更大。MCGS 嵌入式软件和 TPC 系列触摸屏得到了主流工业控制硬件企业的大力支持，技术解决方案深受用户的好评。

3.2.2 MCGS 组态软件

MCGS 是一套基于 Windows 平台的、用于快速构造和生成上位机监控系统的组态软件系统，主要包括网络版、通用版、嵌入版三个版本。

微课视频

MCGS 软件使用方法

首先，从功能性角度看，MCGS 具备完善且强大的功能。它提供了丰富的设备驱动库，可以与现场各种设备连接，实现数据采集的自动优化。此外，通过与其他相关的硬件设备结合，MCGS 能够快速、方便地开发用于现场采集、数据处理和控制的设备。

其次，从易用性角度看，MCGS 的操作非常简便。它采用全中文、可视化、面向窗口的开发界面，以窗口为单位，构造用户运行系统的图形界面，使得 MCGS 的组态工作既简单直观，又灵活多变。

最后，从可维护性和可视性角度看，MCGS 同样表现出色。它具有良好的系统可维护性，用户可以方便地进行系统维护和升级。同时，它也提供丰富的可视化工具，帮助用户更好地理解和掌握系统的运行状态。

MCGS 采用开放式结构，系统可以与广泛的数据源交换数据，支持 Microsoft 开放数据库互联（ODBC）接口，具有强大的数据库连接能力；全面支持 OPC（OLE for Process Control）标准，既可作为 OPC 客户端，也可作为 OPC 服务器。这为数据的处理和分析提供了极大的便利。

1. MCGS 嵌入版组态软件

MCGS 嵌入版组态软件专门应用于 TPC 一体机（触摸屏），主要完成现场数据的采集与监测、前端数据的处理与控制，与其他相关的输入 / 输出硬件设备结合，可以快速、方便地开发各种用于现场数据采集、数据处理和控制的自动化系统。例如，其可以灵活组态各种智能仪表、数据采集模块、无纸记录仪、无人值守的现场采集站、人机界面等专用设备。

MCGS 嵌入版组态软件的主要功能有：

（1）简单灵活的可视化操作界面：采用全中文、可视化的开发界面，符合中国人的使用习惯和要求。

（2）实时性强、有良好的并行处理性能：真正的 32 位系统，对任务进行分时并行处理。

（3）丰富、生动的多媒体画面：以图像、图符、报表、曲线等多种形式，提供操作和控制信息。

（4）完善的安全机制：提供良好的安全机制，可以为多个不同级别用户设定不同的操作权限。

（5）强大的网络通信功能：具有强大的网络通信功能。

（6）多样化的报警功能：提供多种不同的报警方式，方便用户进行报警设置。

（7）支持多种硬件设备：PLC、变频器、伺服驱动器、仪器仪表等。

总之，MCGS 嵌入版组态软件具有与通用版组态软件一样强大的功能，并且操作简单、易学易用。

2. MCGS 嵌入版组态软件系统组成

MCGS 嵌入版组态软件系统包括组态环境和运行环境两个部分，如图 3-15 所示。组态环境相当于一套完整的工具软件，帮助用户设计和构造自己的应用系统。运行环境则按照组态环境中构造的组态工程，以用户指定的方式运行，并进行各种处理，完成用户组态设计的目标和功能。

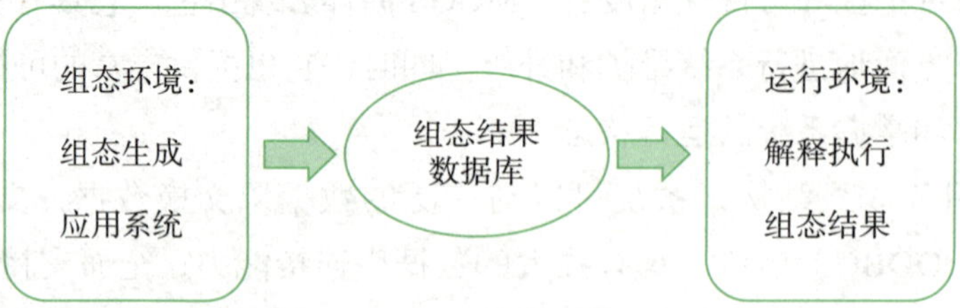

图 3-15　MCGS 嵌入版组态软件系统组成

MCGS 嵌入版组态软件生成的用户应用系统由主控窗口、设备窗口、用户窗口、实时数据库和运行策略五部分构成，如图 3-16 所示。

（1）主控窗口构造了应用系统的主框架，确定了工业控制中工程作业的总体轮廓，以及运行流程、特性参数和启动特性等内容，是应用系统的主框架。

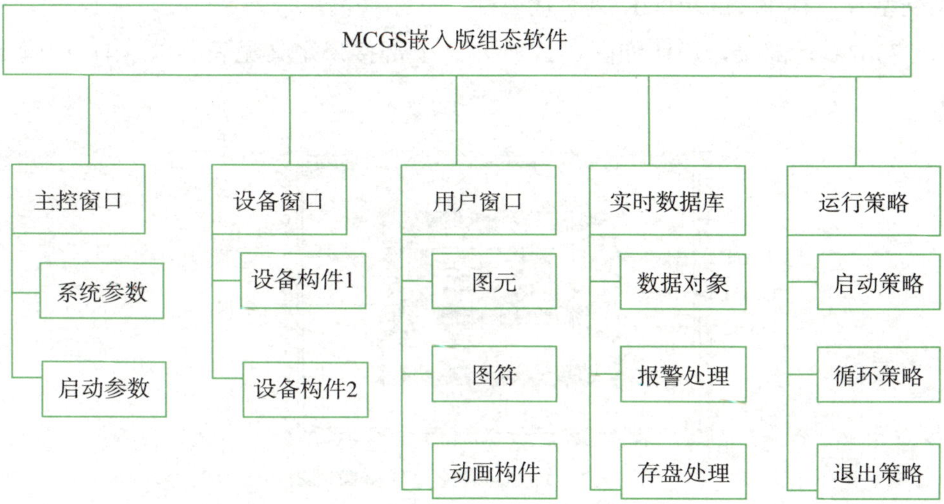

图 3-16　MCGS 嵌入版组态软件系统构成

（2）设备窗口是 MCGS 嵌入版组态软件系统与外围设备联系的媒介。设备窗口专门用来放置不同类型和功能的设备构件，实现对外围设备的操作和控制。设备窗口通过设备构件把外围设备的数据采集进来，送入实时数据库，或者把实时数据库中的数据输出到外围设备。

（3）用户窗口实现了数据和流程的“可视化”。用户窗口中可以放置三种不同类型的图形对象：图元、图符和动画构件。通过在用户窗口内放置不同的图形对象，用户可以构造各种复杂的图形界面，用不同的方式实现数据和流程的“可视化”。

（4）实时数据库是 MCGS 嵌入版组态软件系统的核心。实时数据库相当于一个数据处理中心，同时也起到公共数据交换区的作用。从外围设备采集来的实时数据被送入实时数据库，系统其他部分操作的数据也来自实时数据库。

（5）运行策略是对系统运行流程实现有效控制的手段。运行策略本身是系统提供的一个框架，其里面包含由策略条件构件和策略构件组成的“策略行”。通过对运行策略的定义，系统能够按照设定的顺序和条件操作任务，实现对外围设备工作过程的精确控制。

3. MCGS 触摸屏 TPC7062K

嵌入版组态软件的组态环境和模拟运行环境是一套完整的工具软件，可以在计算机上运行。嵌入版组态软件的运行环境是一个独立的运行系统，它按照组态工程中用户指定的方式进行各种处理，完成用户组态设计的目标和功能。一旦组态工作完成，并且将组态好的工程下载到嵌入版一体化触摸屏的运行环境中，组态工程就可以离开组态环境而独立运行。TPC是北京昆仑通态自动化软件科技有限公司自主生产的嵌入版一体化触摸屏系列型号，其中TPC7062K具有代表性。

TPC7062K外部接口说明如图3-17所示，外部接口定义见表3-8，串口引脚定义见表3-9。

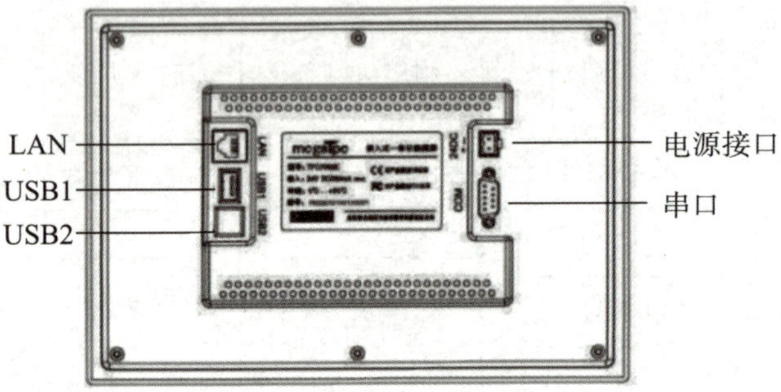

图3-17　TPC7062K外部接口说明

表3-8　TPC7062K外部接口定义

接口名称	接口作用
LAN（RJ45）	以太网接口
串口（DB9）	1xRS232，1xRS485
USB1	主口，可用于U盘、键盘
USB2	从口，可用于下载工程
电源接口	DC24V

表3-9　TPC7062K串口引脚定义

接口	PIN	引脚定义
COM1	2	RS232 RXD2
	3	RS232 TXD3
	5	GND5
COM2	7	RS485+7
	8	RS485–8

任务实施

1. 控制要求

微课视频

使用MCGS组态软件组态温湿度智能仪表检测信息

采用Modbus RTU协议，使用MCGS组态软件，读取温湿度智能仪表检测的现场环境的温度值和湿度值，设计用户监控界面，实时检测温湿度值变化情况。

2. 硬件配置

系统选用型号为 RSDS13 智能温湿度模块 3 个（如任务 3.1 图 3-6 所示）、USB 转 485 转换接口 1 个（如任务 3.1 图 3-7 所示）、装有 MCGS 嵌入版组态软件的计算机 1 台。MCGS 嵌入版组态软件如图 3-18 所示，硬件连接如图 3-19 所示。

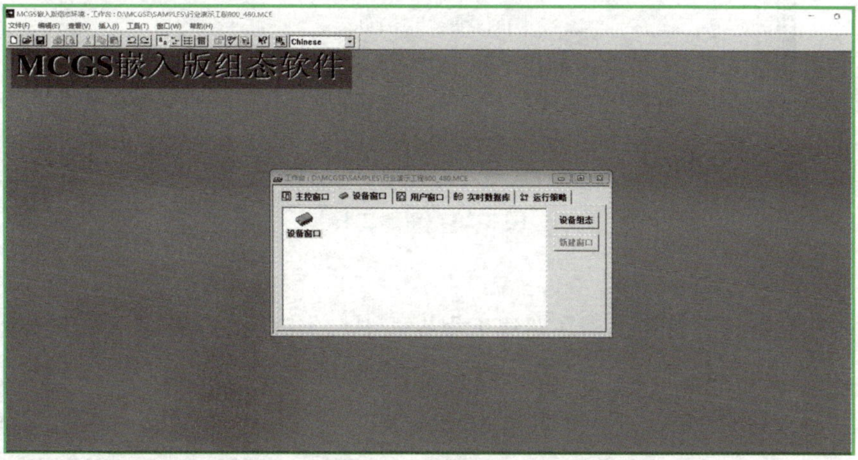

图 3-18　MCGS 嵌入版组态软件

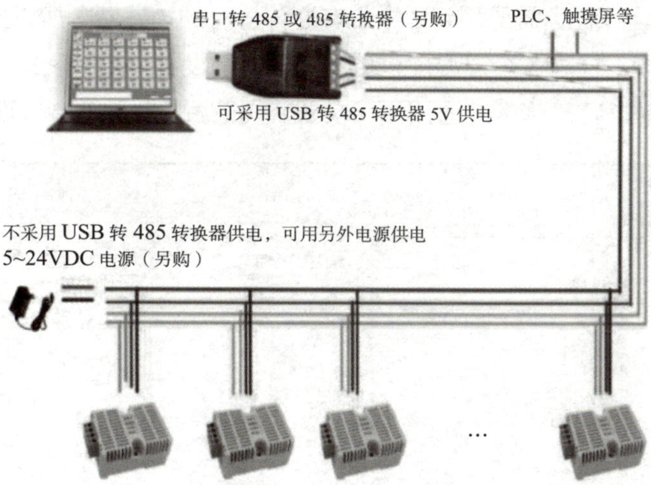

图 3-19　硬件连接图

3. 实施步骤

（1）建立工程。

首先打开 MCGS 嵌入版组态软件，新建工程，选择 TPC 型号为 TPC7062K，单击“确定”按钮，如图 3-20 所示。

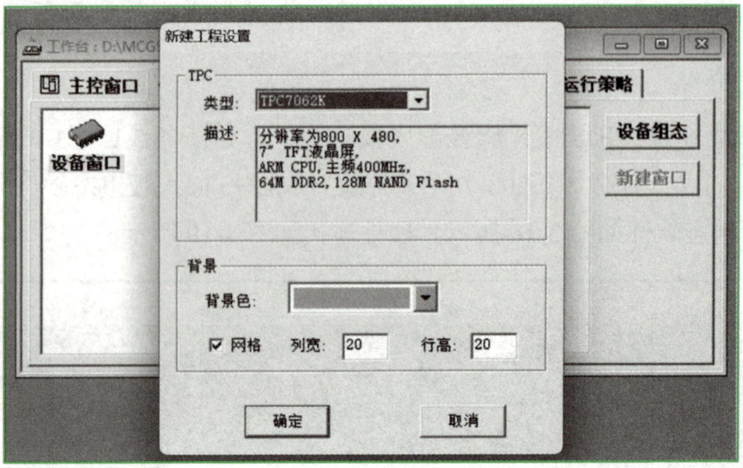

图 3-20　新建工程

（2）设备组态。

新建工程后进行设备组态。在新建工程界面中，单击“设备窗口”，单击“设备组态”，弹出“设备工具箱”界面，单击“设备管理”，在“设备管理”窗口中选择“PLC”→“莫迪康”→“Modbus-RTU”→“莫迪康 ModbusRTU”，单击“确认”按钮。此时，设备工具箱下面成功添加莫迪康 ModbusRTU 设备，如图 3-21 所示。单击“通用串口父设备”，添加到“设备组态：设备窗口”中。单击莫迪康 ModbusRTU 设备，添加到“通用串口父设备 0”下面。因为该任务需要用到 3 个带有通信协议的传感器，所以此处添加 3 个莫迪康 ModbusRTU 设备，代表 3 个温湿度传感器，分别是设备 0、设备 1、设备 2，如图 3-22 所示。设备添加完毕后，单击“通用串口父设备 0”，修改通用串口设备属性。修改串

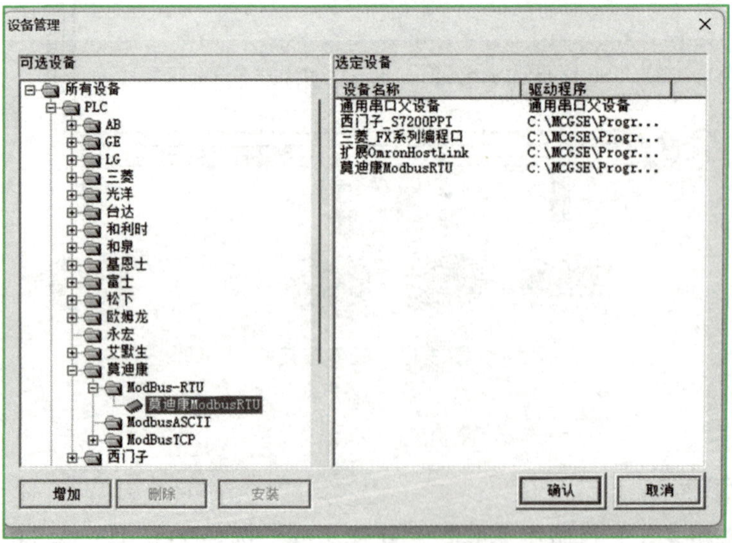

图 3-21　选择设备

口端口号（串口端口号根据计算机中实际虚拟出的串口端口号进行选择，通过右击电脑→“管理”→“设备管理器”进行查看），通信波特率为 9 600bps，8 位数据位，1 位停止位，无校验，如图 3-23 所示。

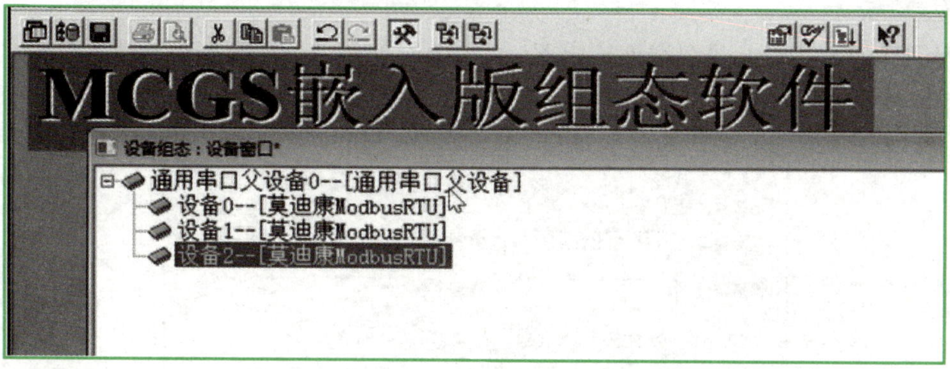

图 3-22　添加设备

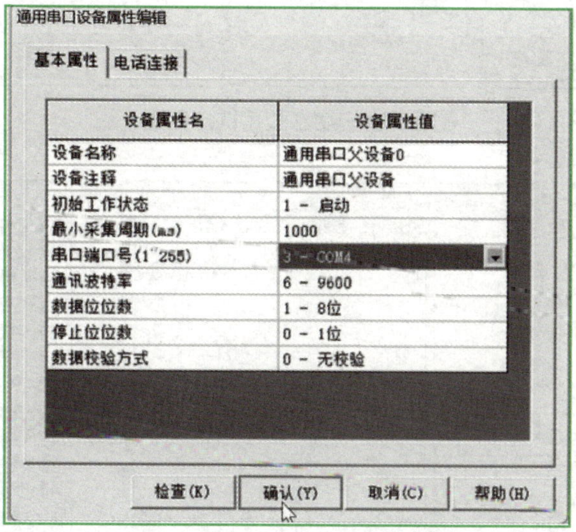

图 3-23　通用串口设备属性设置

（3）建立数据链接。

设备组态完毕后，建立数据链接通道。通过前一个任务学习的串口调试软件，首先将 3 个温湿度传感器模块地址分别修改为 1、2、3。以设备 0 为例，单击“设备 0”，弹出“设备编辑窗口”对话框，修改设备地址为 1，代表 1 号温湿度传感器。单击“删除设备通道”，删除全部设备通道。单击“增加设备通道”，在弹出的对话框中进行基本属性设置。选择通道类型为“[4 区] 输出寄存器”，数据类型为“16 位 无符号二进制”，通道地址为“11”，通道个数为“2”，读写方式选择“只读”，最后单击“确认”按钮，如图 3-24 所示。可以看到在“设备编辑窗口”对话框中成功添加两个数据链接通道。单击“启动设备调试”，可以看到调试数据为 210.0 和 416.0，分别代表采集到的温度值和湿度值。根据传感器的分辨率，可计算出此时温度值和湿度值分别为 21°C 和 41.6%RH，如图 3-25 所示。此时代表设备 0 即 1 号温湿度传感器与 MCGS 组态软件成功通信。

用同样的方式对 2 号温湿度传感器、3 号温湿度传感器进行通信测试。在设备编辑窗口中，修改设备地址分别为 2 和 3 即可。

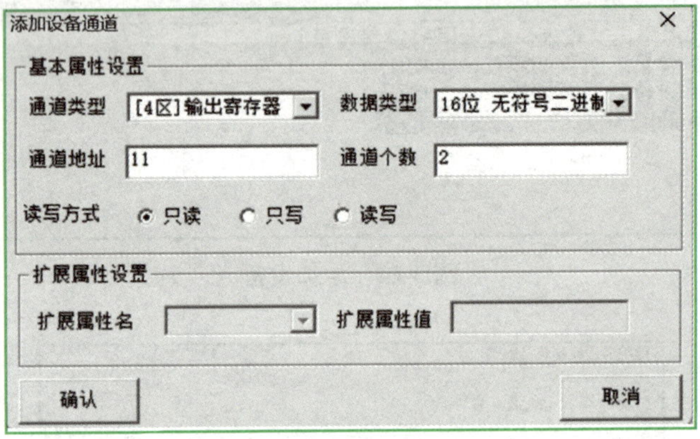

图 3-24　建立数据链接通道

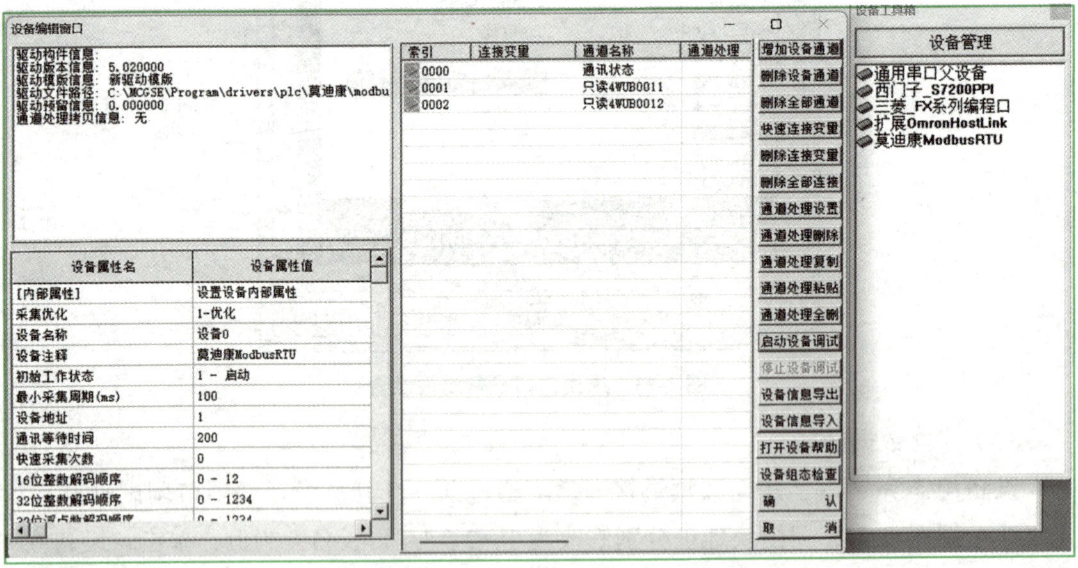

图 3-25　测试数据链接通道

（4）用户窗口组态及运行。

数据通信链接测试成功后，开始新建用户窗口，绘制监控画面。首先退出设备编辑窗口，并保存设备窗口的操作。回到工作台界面，先单击“用户窗口”，再单击“新建窗口”，新建“窗口 0”，如图 3-26 所示。

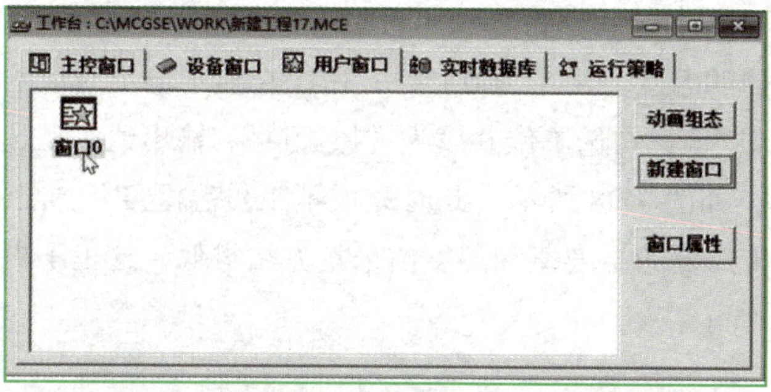

图 3-26　新建窗口

单击窗口 0，弹出动态组态窗口 0。在工具箱窗口中，单击文本框 A，绘制温湿度监控画面。根据任务要求，该监控界面主要显示 3 个温湿度传感器所采集到的温度值和湿度值，它有两种显示方式：文本显示和趋势图显示。以 1 号温湿度传感器为例，右击文本显示框，在“标签动画组态属性设置”对话框中，单击属性设置，勾选输入输出连接下方的显示输出，单击显示输出，单击表达式后的“？”，弹出“变量选择”对话框，勾选“根据采集信息生成”，选择通信端口为“通用串口父设备 0”，选择通道类型为“[4 区] 输出寄存器”，数据类型为“16 位 无符号二进制”，选择采集设备为“设备 0 [莫迪康 ModbusRTU]”，通道地址为“11”，读写类型为“只读”，单击“确认”按钮，如图 3-27 所示。

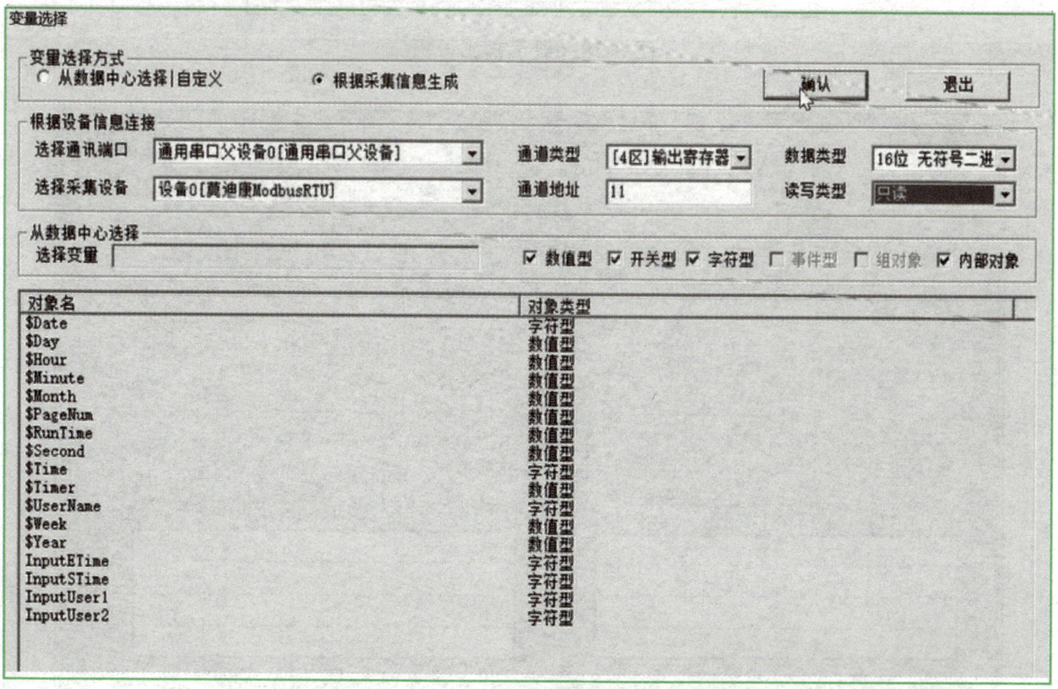

图 3-27　变量选择

这些操作代表该文本显示框将显示 1 号温湿度传感器中第 11 号寄存器中存放的温度值。因为该传感器的温度分辨率为 0.1°C ，所以在显示输出对话框中，将采集的数值乘以 0.1 为真实的温度值，勾选单位并设为“摄氏度”，输出值类型选择“数值量输出”，单击“确认”按钮，如图 3-28 所示。此时完成了 1 号温湿度传感器所采集的温度值的显示，其他温湿度传感器的温度值和湿度值采集方法类似，这里不再一一赘述。温湿度监控界面如图 3-29 所示。

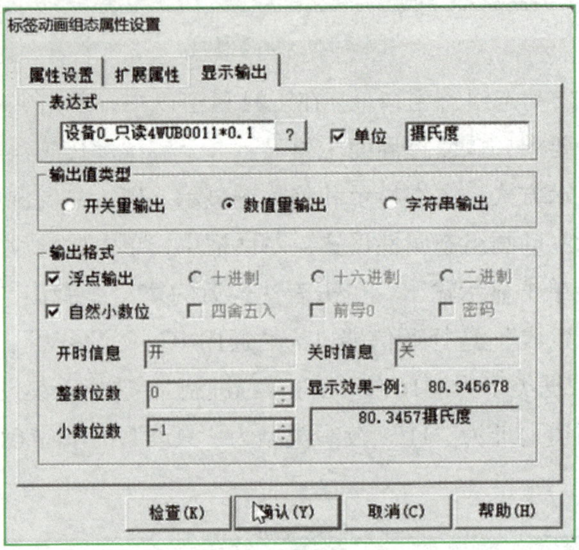

图 3-28　显示输出设置

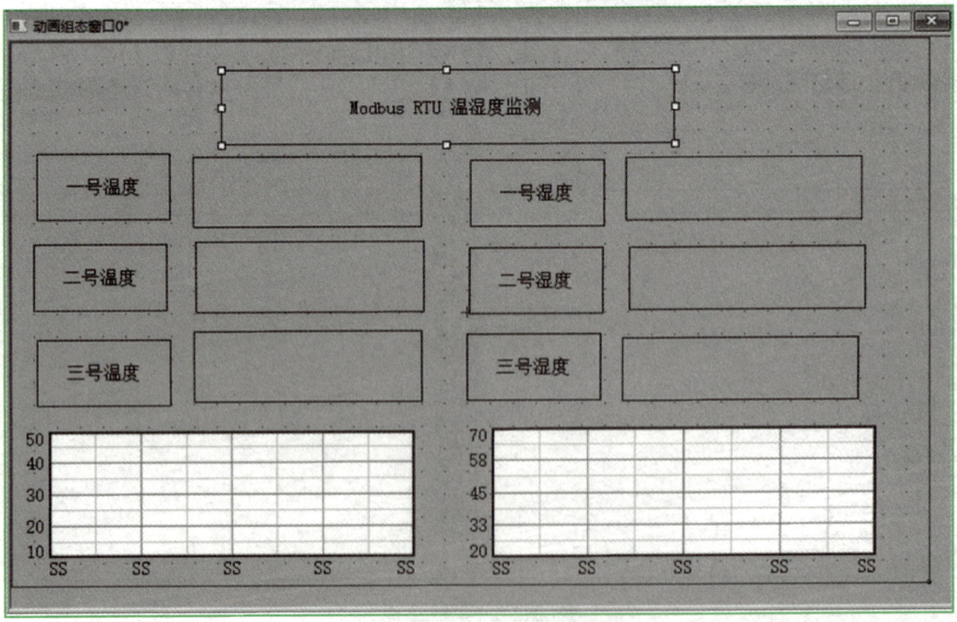

图 3-29　温湿度监控界面

监控界面设置完毕后，单击“下载配置”按钮，弹出“下载配置”对话框，单击“工程下载”按钮，启动运行，在监控界面中可以实时观察 3 个温湿度传感器所采集的温度值和湿度值信息，如图 3-30 所示。

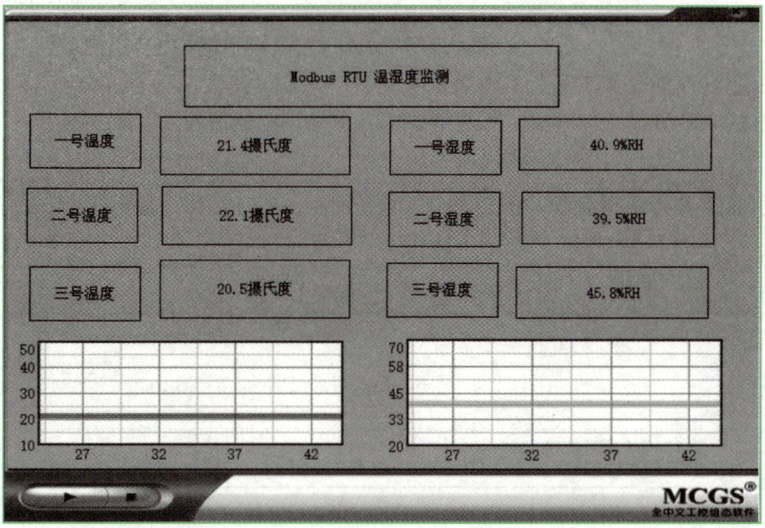

图 3-30　温湿度监控界面运行画面

任务评价

任务实施评价见表 3-10。

表 3-10　任务实施评价表

____学年		工作形式：□个人　□小组分工　□小组	评分		工作时间
任务	训练内容与分值	训练要求	学生自评	教师评分	
工业组态软件与智能仪表的 Modbus RTU 通信	1. 工业组态软件的特点、作用，以及主流工业组态软件描述（20 分）	正确描述工业组态软件的特点及作用（10 分） 正确描述主流工业组态软件及其特点（10 分）			
	2. 工业触摸屏通信接口的辨别及连接（20 分）	正确辨别触摸屏通信接口类型及特点（10 分） 按照通信要求正确进行通信接口硬件连接（10 分）			
	3. 工业组态软件完成工程组态（30 分）	按照通信要求，使用工业组态软件进行工程组态（10 分） 正确设置工业组态软件通信参数，绘制组态界面（20 分）			

续表

____学年		工作形式：□个人　□小组分工　□小组	评分		工作时间
任务	训练内容与分值	训练要求	学生自评	教师评分	
	4. 工业触摸屏完成工程组态（20 分）	按照通信要求，正确连接触摸屏和智能设备（10 分） 按照通信要求，正确设置通信参数，调试监测效果（10 分）			
	5. 职业素养与安全意识（10 分）	分工合作，配合紧密；遵守纪律，保持平台整洁（10 分）			
	总分：100 分	学生：　　　教师：　　　日期：			

任务 3.3 两台西门子 S7-1500 PLC 的 Modbus RTU 通信

任务描述

西门子 S7-1500 PLC 的通信模块集成有各种接口，可与不同接口类型设备进行通信，而通过具有安全功能的工业以太网模块，可以极大地提高连接的安全性。S7-1500 PLC 支持 4 种通信标准：点对点（RS232/RS485）、PROFINET IO、PROFIBUS DP、工业以太网（Industrial Ethernet）。

本任务在充分理解西门子点对点通信模块和西门子 Modbus RTU 通信专用指令的基础上，使用西门子博途（TIA Portal）软件编写 Modbus RTU 通信程序，配置通信参数，实现两台西门子 S7-1500 PLC 之间的 Modbus RTU 通信。

知识链接

3.3.1 西门子 S7-1500 PLC 通信模块

1. 西门子点对点通信模块

CM PtP 模块是通过点对点连接实现串行通信的。西门子有 4 种产品：CM PtP

RS422/485 BA（基本型）、CM PtP RS422/485 HF（高性能型）、CM PtP RS232 BA（基本型）和 CM PtP RS232 HF（高性能型）。这些产品的技术数据对比见表 3-11。西门子点对点通信模块具有如下特点：

（1）可连接数据读卡器或特殊传感器；

（2）可用于 S7-1500 集中式系统中，也可用于 ET 200MP I/O 系统中；

（3）带有各种物理接口，如 RS232、RS422 或 RS485；

（4）可预定义各种协议，如 3964 (R)、Modbus RTU 或 USS；

（5）可使用基于自由口的协议；

（6）诊断报警可用于简单故障修复。

表 3-11 西门子点对点通信模块技术数据对比表

通信模块	CM PtP RS422/485 BA	CM PtP RS422/485 HF	CM PtP RS232 BA	CM PtP RS232 HF
订货号	6ES7 540-1AB00-0AA0	6ES7 541-1AB00-0AB0	6ES7 540-1AD00-0AA0	6ES7 541-1AD00-0430
连接接口	RS422/485	RS422/485	RS232	RS232
接口数量	1	1	1	1
通信协议	自由口 3964 (R)	自由口 3964 (R) Modbus RTU 主 / 从	自由口 3964 (R)	自由口 3964 (R) Modbus RTU 主 / 从
通信速率 /（kbps）	19.2	115.2	19.2	115.2
最大报文长度 / KB	1	4	1	4
等时模式	无	无	无	无
屏幕电缆长度（最大）/ m	1 200	1 200	15	15
是否包含前连接器	否	否	否	否
中断 / 诊断 ——硬件终端 ——诊断中断 ——诊断功能	 无 有 有	 无 有 有	 无 有 有	 无 有 有
通道和背板总线之间有无隔离	有	有	有	有
模块宽度 /mm	35	35	35	35

2. 西门子 PROFIBUS DP 通信模块

西门子 PROFIBUS DP 通信模块有两种：CM 1542-5 和 CP 1542-5。CM 1542-5 具有更高的性能，符合 IEC 61158/61784 标准，支持 PROFIBUS DP 主站和从站功能；使用附加的 PROFIBUS 电缆，可以实现系统快速扩展；可为单个自动化任务分隔不同的 PROFIBUS 子网；支持 S7 通信，可连接其他供应商提供的 PROFIBUS 从站。CM 1542-5 支持数据记录路由功能，可以作为数据记录路由器发送路由记录到现场设备（DP 从站）；可将未直接与 PROFIBUS 相连（因此不能直接访问 DP 从站）的设备的数据记录转发到 DP 从站。CM 1542-5 的组态数据始终保存在 CPU 上，甚至在 PLC 出现故障时也会保留，因此，在更换模板时无须从编程器中重新装载组态数据。在启动时，CPU 会将组态数据传送到通信处理器中。

CM 1542-5 可以带 125 个 DP 从站，所有从站的输入 / 输出字节大小可达 8KB。CP 1542-5 最大可以带 32 个 DP 从站，所有从站输入 / 输出字节大小只有 2KB。

3. 西门子 PROFINET IO 通信模块

PROFINET IO 通信模块 CM 1542-1 功能强大，做 I/O 控制器时可以连接 128 个 I/O 设备，支持 PROFINET IO RT（实时通信）、IRT（等时同步实时）、MRP（介质冗余环网）等功能；支持开放式用户通信（OUC）和 S7 通信，支持电子邮件和使用 https 进行 Webserver 访问，支持 SNMP V1 代理和 NTP 时间同步功能。

4. 西门子以太网通信模块

西门子以太网通信模块 CP 1543-1 是带有安全功能的工业以太网连接模块。它的安全功能包括：支持基于防火墙的访问保护，支持 IPv6（同样支持 IPv4）、FTP Server/Client、FETCH/WRITE 访问（CP 作为服务器）等协议，支持电子邮件和 Webserver 访问（http/https）功能，支持 S7 通信和开放的用户通信。

西门子 PROFIBUS DP、PROFINET IO、以太网通信模块技术数据对比见表 3-12。

表 3-12　西门子 PROFIBUS DP、PROFINET IO、以太网通信模块技术数据对比表

通信模块	PROFIBUS DP 通信模块		PROFINET IO 通信模块	以太网通信模块
	CM 1542-5	CP 1542-5	CM 1542-1	CP 1543-1
订货号	6GK7 542-5DX00-0XE0	6CK7 542-5FX00-0XE0	6GK7 542-1AX00-0XE0	6GK7 543-1AX00-0XE0
连接接口	RS485（母头）	RS485（母头）	RJ45	RJ45
接口数量	1	1	1	1

续表

通信模块	PROFIBUS DP 通信模块		PROFINET IO 通信模块	以太网通信模块
	CM 1542-5	CP 1542-5	CM 1542-1	CP 1543-1
通信协议	DPV1 主 / 从 S7 通信 PG/OP 通信		PROFINET IO： —RT —IRT —MRP —设备更换无须交换存储介质 —IO 控制器 开放式通信： —TCP、ISO-on-TCP、UDP —基于 UDP 连接组播 —S7 通信 —IT 功能 —Webserver —NTP —SNMP 等	开放式通信： —ISO 传输 —TCP、ISO-on-TCP、UDP —基于 UDP 连接组播 —S7 通信 —IT 功能 —FTP —SMTP —Webserver —NTP —SNMP —电子邮件等
通信速率	9.6kbps/12Mbps		10/100Mbps	
最多连接从站数量	125	32	128	无
VPN	无	无	无	是
防火墙功能	无	无	无	是
模块宽度 /mm	35	35	35	35

3.3.2 西门子 Modbus RTU 通信

串行通信是以二进制的位（bit）为单位的数据传输方式，每次只传送一位。串行通信最少只需要两根线就可以连接多台设备，组成控制网络，可用于传输距离较远的场合。串行通信主要用于连接调制解调器、扫描仪、条码阅读器等带有串行通信接口的设备。S7-1500 PLC 的串行通信有使用自由口协议的点对点（Point-to-Point，PP）通信和 MODBUS RTU 通信。

S7-1500 PLC 的串行通信模块介绍见前文。3964R 是西门子定义的一种全双工通信协议，目前已很少使用。HF 类型的串行通信模块支持 Modbus RTU 主站、从站，不需要额外的协议转换设备。S7-1500 PLC 的 CM PtP RS232 HF 和 CM PtP RS422/485 HF 模块均可作为 Modbus RTU 的主站和从站。

1. Modbus RTU 通信模块参数设置

S7-1500 PLC 的 Modbus RTU 通信需要先对通信模块进行参数设置，再编写通信程序，其主要参数包括“操作模式”的选择、“端口组态”端口参数的设置，如图 3-31、图 3-32 所示，需要按照实际的物理介质选择 RS422 或 RS485。

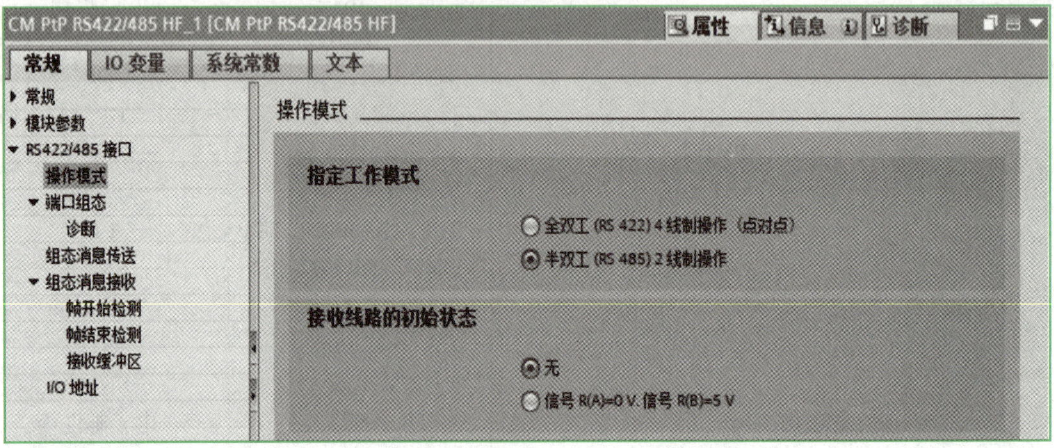

图 3-31 “操作模式”的设置界面

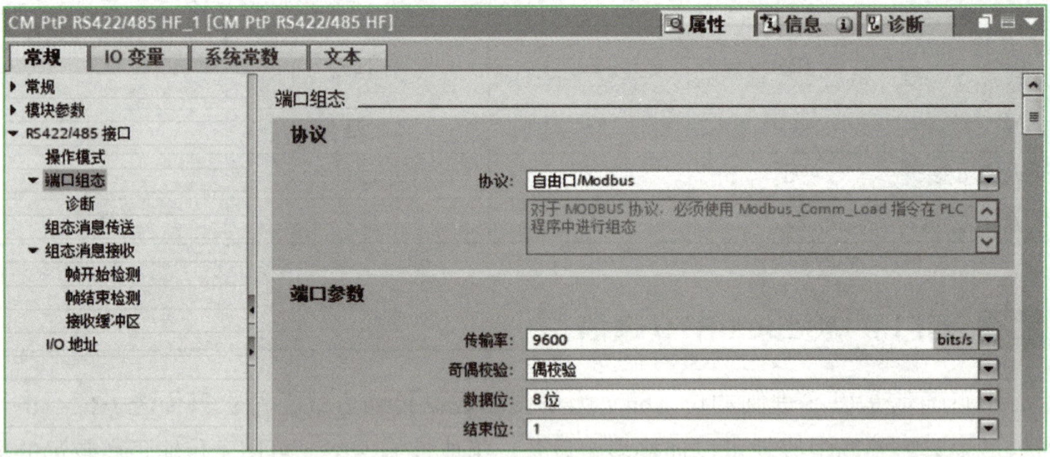

图 3-32 “端口组态”的设置界面

“端口组态”中，协议选择“自由口 / Modbus”，Modbus RTU 通信也是基于自由口通信而开发的一种通信协议。因此，如果使用 Modbus 协议，则需要在程序中使用相关指令进行 Modbus 的组态：如果使用普通的自由口协议，则程序中使用点对点通信指令而不使用 Modbus 相关指令。对于“端口参数”，除了“传输率”，其他参数都可以采用默认值。“奇偶校验”的默认值是无奇偶校验，还可以选择偶校验、奇校验、Mark 校验

（将奇偶校验置“1”）和 Space 校验（将奇偶校验置“0”）。

2. Modbus RTU 通信指令

（1）Modbus_Comm_Load 指令。

Modbus_Comm_Load 指令通过 Modbus RTU 协议对通信模块进行组态。当在程序中添加 Modbus_Comm_Load 指令时，系统将自动为该指令分配背景数据块。Modbus_Comm_Load 的组态更改将保存在 CM 中，而不是 CPU 中。恢复电压和插拔时，将使用保存在 CM 中的数据进行 Modbus_Comm_Load 组态。Modbus_Comm_Load 指令用于 Modbus 端口的初始化，主站和从站都要调用此指令，其各参数见表 3-13。

表 3-13　Modbus_Comm_Load 指令参数表

指令	参数	描述	数据类型
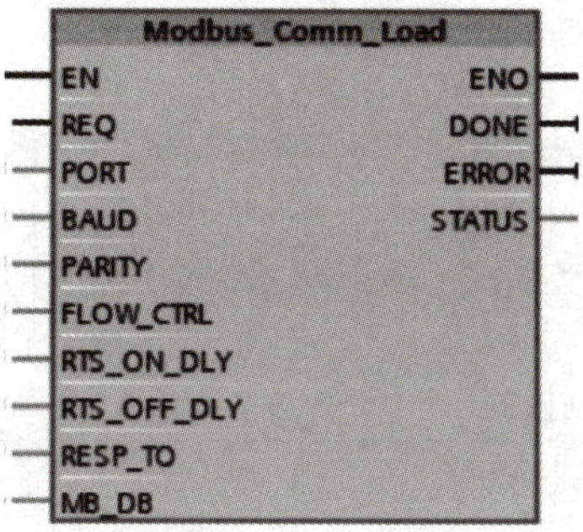	EN	使能	Bool
	REQ	当此输入出现上升沿时，启动该指令	Bool
	PORT	指定用于通信模块的硬件标识符	Port
	BAUD	数据传输速率	UDInt
	PARITY	奇偶校验：0—无；1—奇校验；2—偶校验	UInt
	FLOW_CTRL	流控制选择	UInt
	RTS_ON_DLY	RTS 接通延迟选择	UInt
	RTS_OFF_DLY	RTS 关断延迟选择	UInt
	RESP_TO	Modbus_Master 等待从站响应的时间	UInt
	MB_DB	对 Modbus_Master 或 Modbus_Slave 指令的背景数据块的引用	MB_BASE
	DONE	如果上一个请求已完成且没有错误，则 DONE 位将变为 TRUE 并保持一个周期	Bool
	ERROR	上一个请求完成出错，则 ERROR 位将变为 TRUE 并保持一个周期	Bool
	STATUS	错误代码	Word

执行 Modbus_Comm_Load 指令对 Modbus RTU 协议的端口进行组态。为 Modbus RTU 协议组态完端口后，它只能由 Modbus_Master 指令或 Modbus_Slave 指令使用。使用 Modbus RTU 协议通信时，必须运行 Modbus_Comm_Load 指令来完成将用于 Modbus 通信的每个通信端口的组态，必须为使用的每个端口分配唯一的 Modbus_Comm_Load 背景数据块。如果需要更改数据传输速率或奇偶校验等通信参数，或者网络已经恢复，则只需要再次运行 Modbus_Comm_Load 指令。

当在程序中添加 Modbus_Master 或 Modbus_Slave 指令时，系统将自动为指令分配背景数据块。需要将 Modbus_Comm_Load 指令中的 MB_DB 参数连接到 Modbus_Master 或 Modbus_Slave 指令中的 MB_DB 参数。可在程序中使用的 Modbus_Comm_Load 背景数据块中的公共静态变量见表 3-14。

表 3-14　Modbus_Comm_Load 背景数据块中的公共静态变量表

变量	数据类型	标准	说明
ICHAR_GAP	Word	0	字符间的最长字符延迟时间
RETRIES	Word	2	返回“无响应”错误代码 0x80C8 之前主站执行的重复尝试次数
EN_SUPPLY_VOLT	Bool	0	启用对电源电压 L+ 缺失的诊断
MODE	USInt	0	工作模式 有效的工作模式包括： 0 = 全双工（RS232） 1 = 全双工（RS422）4 线制模式（点对点） 2 = 全双工（RS422）4 线制模式（多点主站，CM PtP（ET 200SP）） 3 = 全双工（RS422）4 线制模式（多点从站，CM PtP（ET 200SP）） 4 = 半双工（RS485）2 线制模式
LINE_PRE	USInt	0	接收线路初始状态
BRK_DET	USInt	0	断路检测
EN_DIAG_ALARM	Bool	0	激活诊断中断
STOP_BITS	USInt	1	停止位个数

（2）Modbus_Master 指令。

西门子 Modbus_Master 指令是 Modbus 主站指令，在执行此指令之前，系统要先执行 Modbus_Comm_Load 指令组态端口。Modbus_Master 指令的各参数见表 3-15。Modbus_Master 指令可通过由 Modbus_Comm_Load 指令组态的端口作为 Modbus 主站进行通信。当在程序中添加 Modbus_Master 指令时，系统将自动为该指令分配背景数据块。Modbus_Comm_Load 指令中的 MB_DB 参数必须连接到 Modbus_Master 指令中的（静态）MB_DB 参数。

表 3-15　Modbus_Master 指令参数表

指令	参数	描述	数据类型
	EN	使能	Bool
	REQ	FALSE = 无请求 TRUE = 请求向 Modbus 从站发送数据	Bool

续表

指令	参数	描述	数据类型
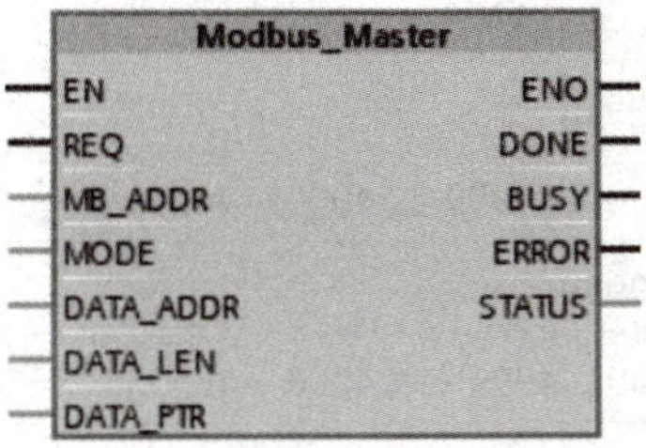	MB_ADDR	Modbus RTU 从站地址	UInt
	MODE	模式选择：0—读；1—写	USInt
	DATA_ADDR	从站中的起始地址：指定在 Modbus 从站中访问的数据的起始地址	UDInt
	DATA_LEN	数据长度：指定此指令将访问的位或字的个数	UInt
	DATA_PTR	数据指针：指向要进行数据写入或数据读取的标记或数据块地址	Variant
	DONE	如果上一个请求已完成且没有错误，则 DONE 位将变为 TRUE 并保持一个周期	Bool
	BUSY	0—Modbus_Master 无激活命令 1—Modbus_Master 命令执行中	Bool
	ERROR	上一个请求完成出错，则 ERROR 位将变为 TRUE 并保持一个周期	Bool
	STATUS	错误代码	Word

（3）Modbus_Slave 指令。

西门子 Modbus_Slave 指令是 Modbus 从站指令。同样，在执行此指令之前，系统要先执行 Modbus_Comm_Load 指令组态从站的端口。该指令的各参数见表 3-16。

表 3-16　Modbus_Slave 指令参数表

指令	参数	描述	数据类型
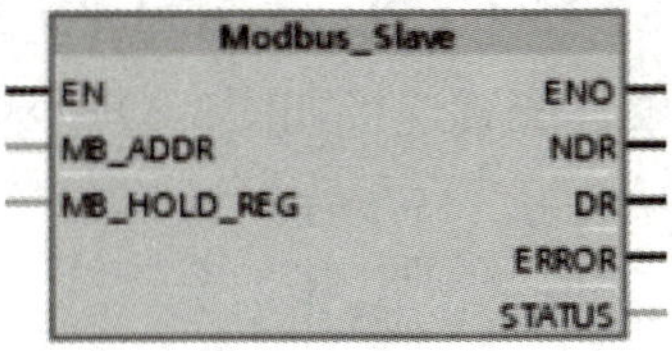	EN	使能	Bool
	MB_ADDR	Modbus RTU 从站地址	UInt
	MB_HOLD_REG	Modbus 保持寄存器 DB 的指针：Modbus 保持寄存器可能为标志的存储区或数据块	Variant
	NDR	0—无新数据写入 1—有新数据写入	Bool
	DR	0—没有数据被 Modbus 主站读取 1—有数据被 Modbus 主站读取	Bool
	ERROR	上一个请求完成出错，则 ERROR 位将变为 TRUE 并保持一个周期	Bool
	STATUS	错误代码	Word

西门子 Modbus 通信对应的功能码及地址见表 3-17。

表 3-17　Modbus 通信对应的功能码及地址

MODE	Modbus 功能码	（主站对从站）操作	Modbus 地址（DATA_ADDR）
0	01	读取输出位（位）	1~9999
0	02	读取输入位（位）	10001~19999
0	03	读取保持寄存器（字）	40001~49999 或 40001~465535
0	04	读取输入字（字）	30001~39999
1	05	写入一个输出位（位）	1~9999
1	06	写入一个保持寄存器（字）	40001~49999 或 40001~465535
1	15	写入多个输出位（位）	1~9999
1	16	写入多个保持寄存器（字）	40001~49999 或 40001~465535
2	15	写一个或多个输出位（位）	1~9999
2	16	写一个或多个保持寄存器（字）	40001~49999 或 40001~465535

任务实施

微课视频

两台 S7-1500 PLC Modbus 通信参数设置

1. 控制要求

两台型号为 S7-1500 CPU 1512C-1 PN 的 PLC 通过 CM PtP RS422/485 HF 点对点通信模块进行 Modbus 通信，其中一台作为 Modbus 通信主站，另一台作为 Modbus 通信从站，从站站号为 1。当 PLC 上电启动后，主站首先向从站发送 10 字节的数据，然后再从从站读取 10 字节的数据，以此循环，直到 PLC 断电，停止通信。

2. 硬件配置

该项目任务的硬件配置主要包括：一台装有西门子博途软件的计算机、两台 S7-1500 PLC、两个 CM PtP RS422/485 通信模块。系统选用 S7-1500 CPU 1512C-1 PN 的 PLC 2 个、CM PtP RS422/485 HF 点对点通信模块 2 个。系统硬件配置连接如图 3-33 所示。

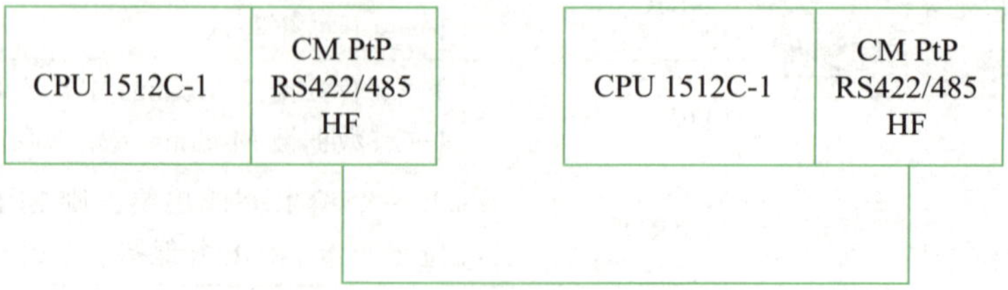

图 3-33　系统硬件配置连接图

3. 实施步骤

（1）新建工程。

打开西门子博途软件，创建新项目，修改项目名称为“两台 S7-1500 PLC Modbus RTU 通信”。

（2）添加设备。

打开项目视图，添加 PLC 和点对点通信模块。该项目中，主站 PLC 和从站 PLC 的型号均为 CPU 1512C-1 PN，订货号为 6ES7 512-1CK01-0AB0，从站地址设置为 1。通信模块均为 CM PtP RS422/485 HF，订货号为 6ES7 541-1AB00-0AB0，PLC_1 为主站，PLC_2 为从站。为了后续编写程序方便，启用两台 PLC 的系统存储器字节和时钟存储器字节，如图 3-34（a）所示。修改两台通信模块的操作模式为“半双工（RS485）2 线制操作”，如图 3-34（b）所示。设备添加完毕，如图 3-35 所示。

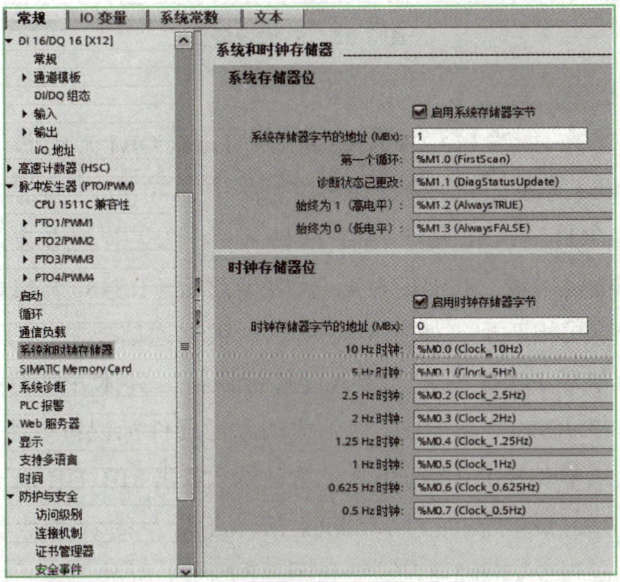

（a）启用系统存储器字节和时钟存储器字节

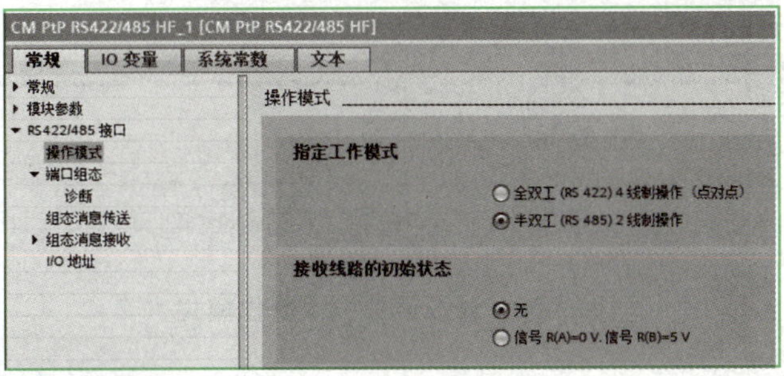

（b）设置操作模式

图 3-34　启用系统存储器字节和时钟存储器字节、设置操作模式

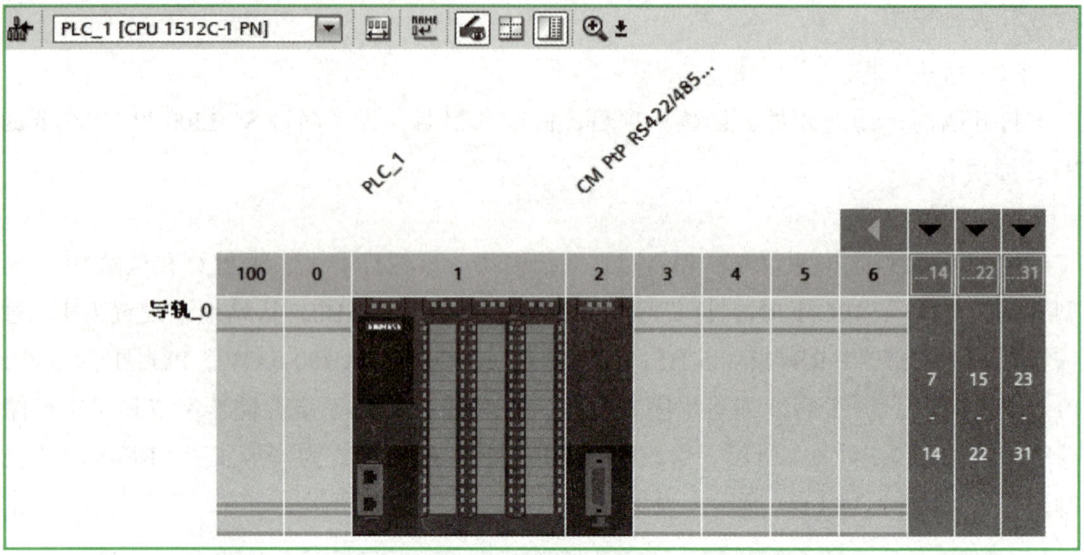

图 3-35　添加设备

（3）添加通信指令。

根据控制要求在主站 PLC_1 程序块的 Main（OB1）中添加 Modbus_Comm_Load 指令和 Modbus_Master 指令。在指令表中，单击“通信”→“通信处理器”→“MODBUS(RTU)”，将两个指令拖拽到程序段中。修改端口组态 Modbus_Comm_Load 指令中静态参数 MODE 为 4，代表半双工（RS485）2 线制模式，与前面通信模块选择的操作模式相匹配，如图 3-36 所示。根据通信要求，设置 Modbus_Comm_Load 指令中的输入端子 PORT 端子，填入硬件标识符，具体方法为：双击 PORT 端子，选择“Local~CM_PtP_RS422_485_HF_1”，成功添加硬件标识符。设置 Modbus_Comm_Load 指令中的输入端子 MB_DB 端子，具体方法为：双击 MB_DB 端子，选择“"Modbus_Master_DB".MB_DB”，成功添加对 Modbus_Master 指令的背景数据块的引用。设置 Modbus_Comm_Load 指令如图 3-37（a）和图 3-37（b）所示。

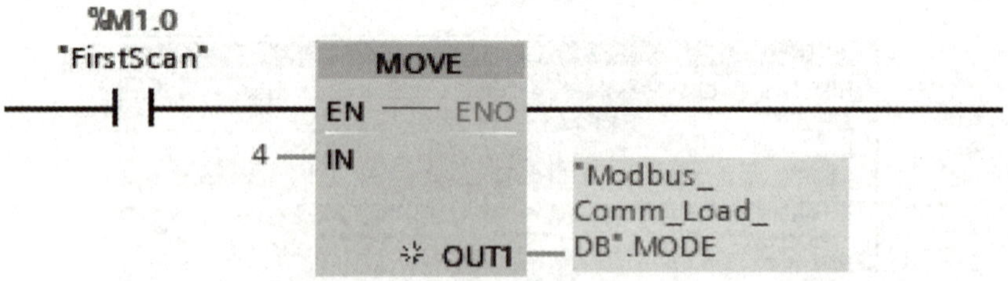

图 3-36　修改通信模块操作模式

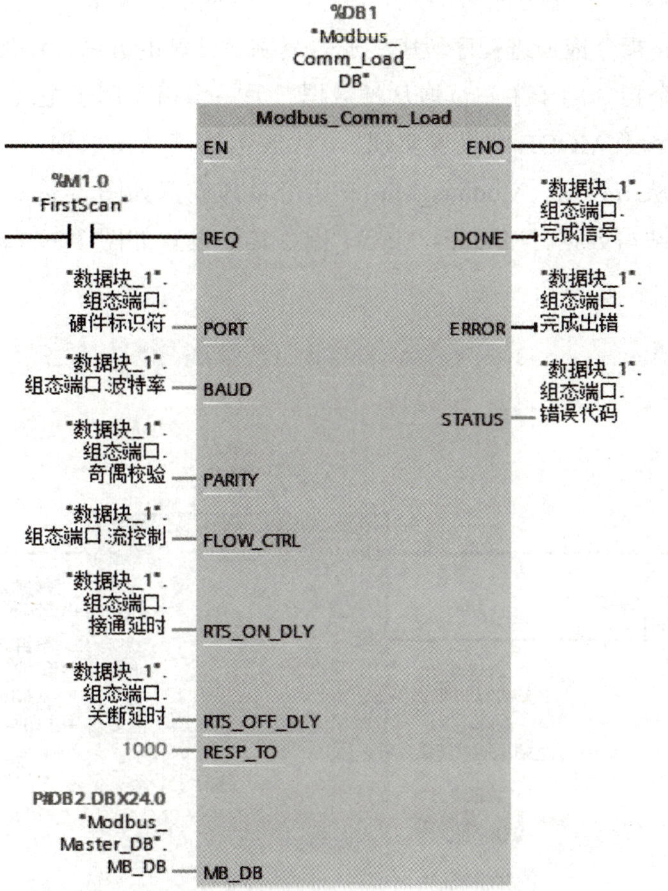

（a）Modbus_Comm_Load 指令

数据块_1

名称	数据类型	起始值	保持	从 HMI/OPC..	从 H...	在 HMI ...	设定值
▼ Static							
▼ 组态端口	"typeModbusCL"			✓	✓	✓	
启动信号	Bool	false		✓	✓	✓	
硬件标识符	PORT	270		✓	✓	✓	
波特率	UDInt	9600		✓	✓	✓	
奇偶校验	UInt	0		✓	✓	✓	
流控制	UInt	0		✓	✓	✓	
接通延时	UInt	0		✓	✓	✓	
关断延时	UInt	0		✓	✓	✓	
响应超时	UInt	0		✓	✓	✓	
初始化	Bool	false		✓	✓	✓	
完成信号	Bool	false		✓	✓	✓	
完成出错	Bool	false		✓	✓	✓	
错误代码	Word	16#0		✓	✓	✓	

（b）Modbus_Comm_Load 指令背景数据块

图 3-37　设置 Modbus_Comm_Load 指令

根据通信任务要求，主站既要从从站读取数据，又要向从站发送数据，因此，要在主站中设置两个从站。具体方法为，单击“通信”→“通信处理器”→“MODBUS(RTU)”，将 Modbus_Master 指令拖拽进程序段中，通过复制、粘贴的方法，添加第二个 Modbus_Master 指令。一个指令用于主站读取从站数据，另一个指令用于主站向从站发送数据，通过指令输入端参数 MODE 的设置实现，0 代表主站读从站数据，1 代表主站向从站写数据。主站读从站数据，Modbus_Master 指令具体设置如图 3-38（a）和图 3-38（b）所示。主站向从站写数据，Modbus_Master 指令具体设置如图 3-39（a）和图 3-39（b）所示。

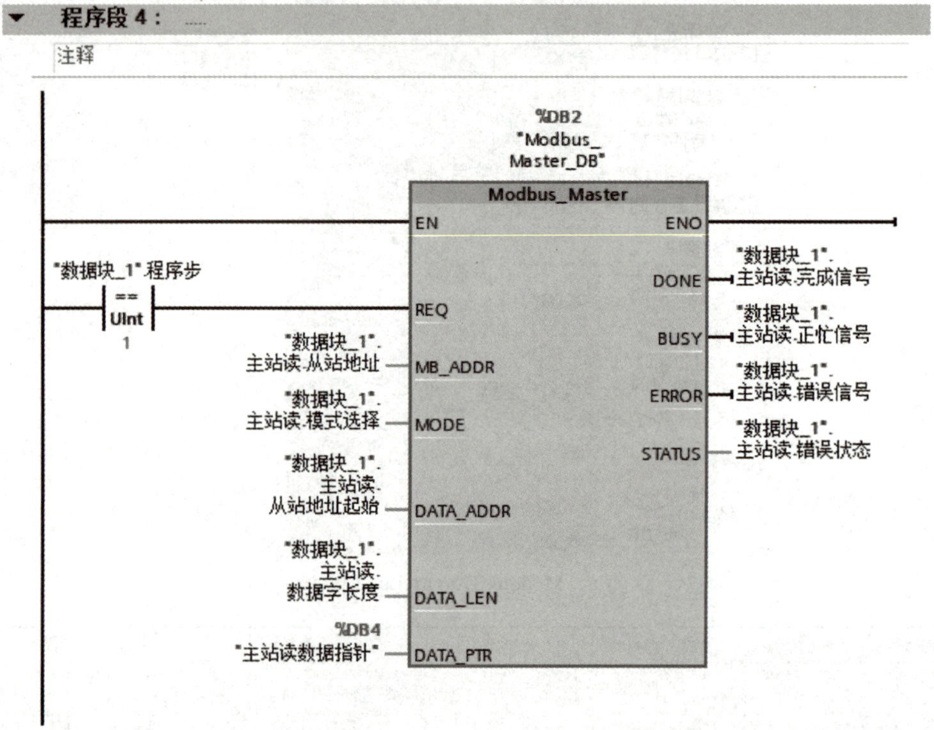

（a）主站读数据 Modbus_Master 指令

数据块_1

	名称	数据类型	起始值	保持	从 HMI/OPC..	从 H...	在 HMI ...	设定值
1	▼ Static			☐	☐	☐	☐	☐
2	▸ 组态端口	"typeModbusCL"		☐	☑	☑	☑	☐
3	▼ 主站读	"typeModbusMa...		☐	☑	☑	☑	☑
4	启动请求	Bool	false	☐	☑	☑	☑	☐
5	从站地址	UInt	1	☐	☑	☑	☑	☐
6	模式选择	USInt	0	☐	☑	☑	☑	☐
7	从站地址起始	UDInt	40001	☐	☑	☑	☑	☐
8	数据字长度	UInt	20	☐	☑	☑	☑	☐
9	指令初始化	UInt	0	☐	☑	☑	☑	☐
10	▸ 数据指针	Array[0..20] of Word		☐	☑	☑	☑	☐
11	完成信号	Bool	false	☐	☑	☑	☑	☐
12	正忙信号	Bool	false	☐	☑	☑	☑	☐
13	错误信号	Bool	false	☐	☑	☑	☑	☐
14	错误状态	Word	16#0	☐	☑	☑	☑	☐

（b）主站读数据 Modbus_Master 指令背景数据块

图 3-38　主站读数据 Modbus_Master 指令设置

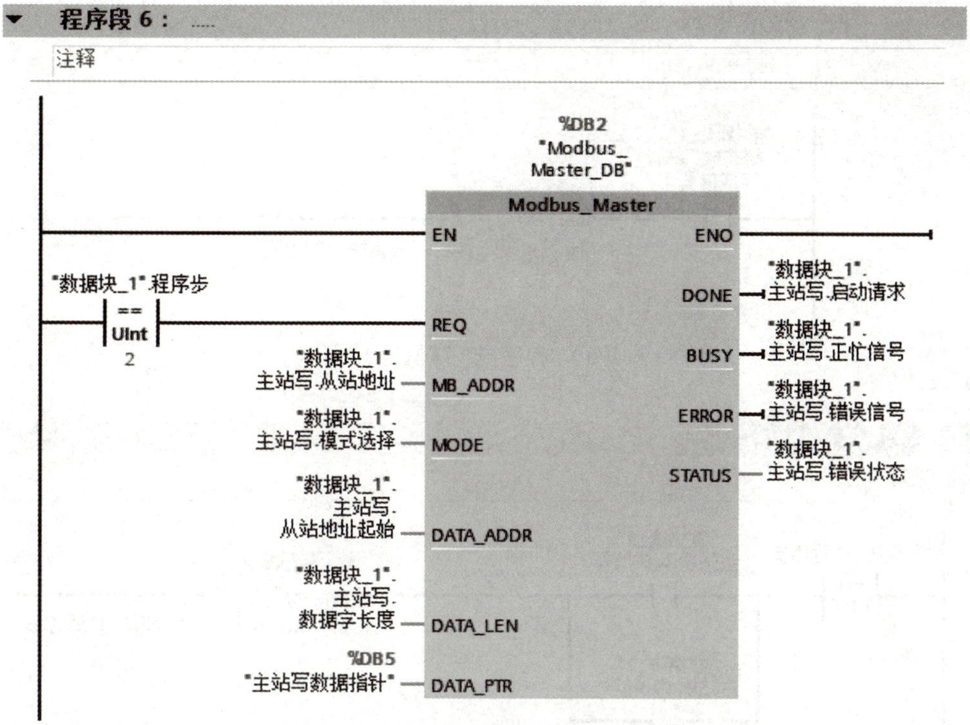

（a）主站写数据 Modbus_Master 指令

数据块_1

	名称	数据类型	起始值	保持	从 HMI/OPC...	从 H...	在 HMI ...	设定值
1	▼ Static			☐	☐	☐	☐	☐
2	▶ 组态端口	"typeModbusCL"		☐	☑	☑	☑	☐
3	▶ 主站读	"typeModbusMa...		☐	☑	☑	☑	☑
4	▼ 主站写	"typeModbusMaster"		☐	☑	☑	☑	☑
5	启动请求	Bool	false	☐	☑	☑	☑	☐
6	从站地址	UInt	1	☐	☑	☑	☑	☐
7	模式选择	USInt	1	☐	☑	☑	☑	☐
8	从站地址起始	UDInt	40001	☐	☑	☑	☑	☐
9	数据字长度	UInt	20	☐	☑	☑	☑	☐
10	指令初始化	UInt	0	☐	☑	☑	☑	☐
11	▶ 数据指针	Array[0..20] of Word		☐	☑	☑	☑	☐
12	完成信号	Bool	false	☐	☑	☑	☑	☐
13	正忙信号	Bool	false	☐	☑	☑	☑	☐
14	错误信号	Bool	false	☐	☑	☑	☑	☐
15	错误状态	Word	16#0	☐	☑	☑	☑	☐

（b）主站写数据 Modbus_Master 指令背景数据块

图 3-39　主站写数据 Modbus_Master 指令设置

Modbus_Master 指令每次只能接通一个，根据通信要求，编写通信控制程序。添加一个“程序步”的变量，1 代表通信程序启动，2 代表主站读完成或主站 2 出错，3 代表主站写完成或主站写出错。当 Modbus_Comm_Load 指令组态端口完成后，进入步序 1，触发主站读数据程序；当主站读 Modbus_Master 指令完成或出错后，进入步序 2，触发主站写数据程序。具体程序如图 3-40（a）、（b）、（c）所示。

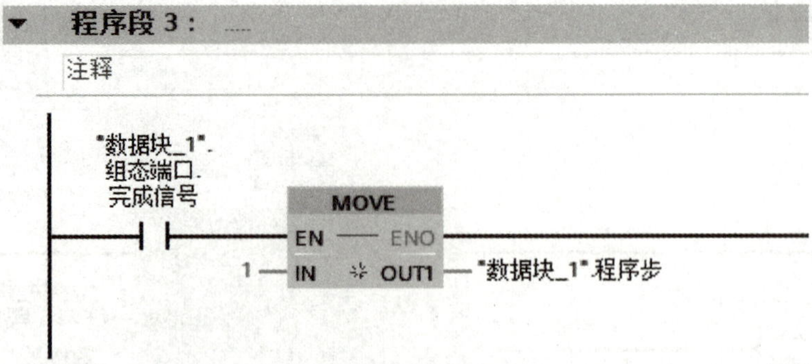

（a）“程序步”赋值为 1

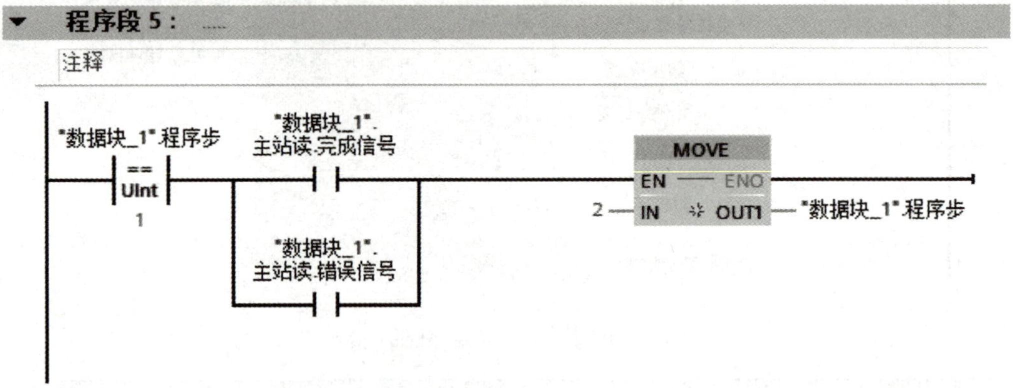

（b）“程序步”赋值为 2

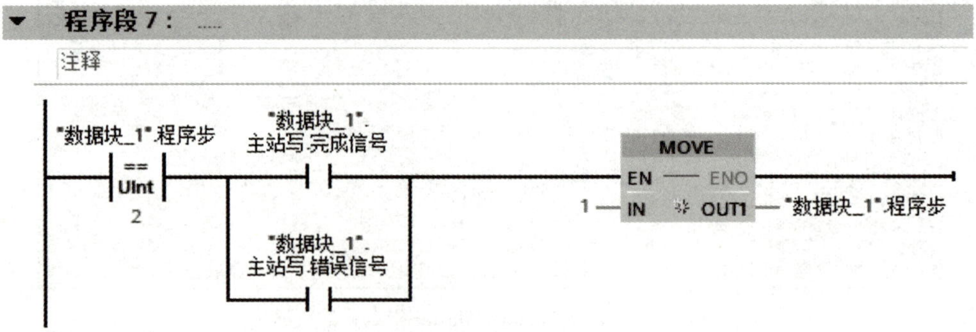

（c）“程序步”再次赋值为 1

图 3-40　主站读数据、写数据通信控制程序

从站设置：根据控制要求在主站 PLC_1 程序块的 Main（OB1）中添加 Modbus_Comm_Load 指令和 Modbus_Slave 指令。组态端口 Modbus_Comm_Load 指令与主站一样，在此不再赘述。Modbus_Slave 指令主要用于完成从站地址和从站数据指针的设置，具体设置如图 3-41 所示。

数据块_1

	名称	数据类型	起始值	保持	从 HMI/OPC...	从 H...	在 HMI ...	设定值
1	▼ Static			☐	☐	☐	☐	☐
2	▪ ▼ 组态端口	"typeModbusCL"		☐	☑	☑	☑	☐
3	▪ 启动信号	Bool	false	☐	☑	☑	☑	☐
4	▪ 硬件标识符	PORT	270	☐	☑	☑	☑	☐
5	▪ 波特率	UDInt	9600	☐	☑	☑	☑	☐
6	▪ 奇偶校验	UInt	0	☐	☑	☑	☑	☐
7	▪ 流控制	UInt	0	☐	☑	☑	☑	☐
8	▪ 接通延时	UInt	0	☐	☑	☑	☑	☐
9	▪ 关断延时	UInt	0	☐	☑	☑	☑	☐
10	▪ 响应超时	UInt	0	☐	☑	☑	☑	☐
11	▪ 初始化	Bool	false	☐	☑	☑	☑	☐
12	▪ 完成信号	Bool	false	☐	☑	☑	☑	☐
13	▪ 完成出错	Bool	false	☐	☑	☑	☑	☐
14	▪ 错误代码	Word	16#0	☐	☑	☑	☑	☐
15	▪ ▶ 从站数据	"typeModbusSla...		☐	☑	☑	☑	☑
16	▪ <新增>							

（a）Modbus_Slave 指令背景数据块

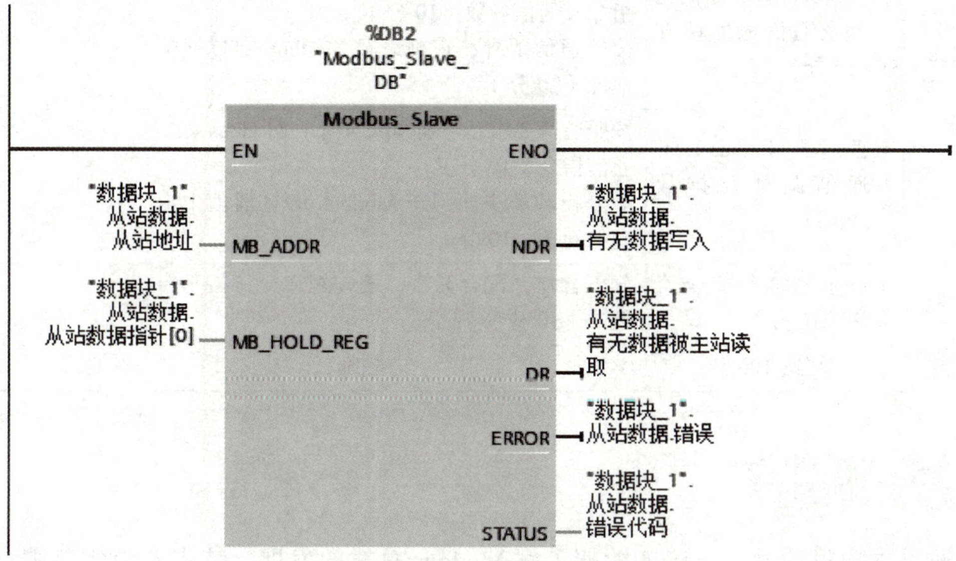

（b）Modbus_Slave 指令

图 3-41　设置 Modbus_Slave 指令

（4）调试运行。

根据通信任务要求，将主站通信程序和从站通信程序分别下载至主从站相应的 PLC 中，打开监控，实时查看通信情况。当 PLC 上电启动后，主站首先向从站发送 20 字节的数据，然后再从从站读取 20 字节的数据，以此循环，直到 PLC 断电，停止通信。

任务评价

任务实施评价见表 3-18。

表 3-18 任务实施评价表

____学年		工作形式：□个人 □小组分工 □小组	评分		工作时间
任务	训练内容与分值	训练要求	学生自评	教师评分	
两台西门子 S7-1500 PLC 的 Modbus RTU 通信	1. 西门子 S7-1500 PLC 通信模块类型描述（20 分）	正确描述西门子 S7-1500 PLC 通信模块类型（10 分） 正确描述不同西门子 S7-1500 PLC 通信模块的作用（10 分）			
	2. 西门子 Modbus RTU 通信认知、Modbus RTU 通信模块参数设置（20 分）	正确描述西门子 Modbus RTU 通信特点（10 分） 按照通信要求正确设置 Modbus RTU 通信模块（10 分）			
	3. Modbus RTU 通信指令及通信地址认知（30 分）	按照通信要求，正确设置 Modbus RTU 通信指令及通信参数（10 分） 按照通信要求，正确设置 Modbus RTU 通信地址（20 分）			
	4. 西门子 Modbus RTU 通信调试及排故（20 分）	按照通信要求，正确调试西门子 Modbus RTU 通信指令（10 分） 能分析和解决西门子 Modbus RTU 通信中出现的问题（10 分）			
	5. 职业素养与安全意识（10 分）	分工合作，配合紧密；遵守纪律，保持平台整洁（10 分）			
	总分：100 分	学生： 教师：	日期：		

项目小结

通过本项目的学习，读者能够了解 Modbus 总线的发展、特点及应用范围；熟悉 Modbus 协议的特点及信息帧结构，掌握 Modbus 协议常用功能码的含义及用法；能够根据项目任务要求构建 Modbus 总线控制系统；使用 Modbus RTU 协议，完成串口调试软件对智能仪表的调试工作；正确设置工业组态软件与智能仪表的 Modbus 通信参数；正确设置两台西门子 S7-1500 PLC 的 Modbus RTU 通信参数并编写和调试通信程序。

思考与练习

1. 思考题

（1）Modbus 现场总线的特点有哪些？

（2）Modbus 现场总线在串行链路上有哪两种传输模式？它们各自有什么特点？

（3）描述 Modbus 通信主从设备查询—响应的过程。

（4）Modbus 中功能码 03、06 和 16 的含义分别是什么?

（5）S7-1500 PLC 中 Modbus RTU 通信指令有哪些？它们分别代表什么含义?

2. 操作题

（1）设计一个控制系统，使用 MCGS 组态软件组态五台 RSDS13 温湿度智能仪表的温湿度检测信息，并绘制组态界面实现实时监控。

（2）设计一个控制系统，实现两台 S7-1500 PLC 的 Modbus RTU 通信，主站的 I10.0~I10.7 控制从站的 Q10.0~Q10.7，从站的 I10.0~I10.7 控制主站的 Q10.0~Q10.7。

项目 4

PROFIBUS 现场总线及其应用

项目引入

在现代工业自动化领域，现场总线技术是连接智能设备与控制系统的重要通信手段。西门子的 PROFIBUS（Process Field Bus）是一种国际化、开放式、不依赖设备生产商的现场总线标准，广泛应用于制造业和流程工业中。通过本项目的学习与实践，读者能够掌握 PROFIBUS 现场总线协议类型，完成三个具体任务，以实现对现场设备的高效控制和监控。

项目描述

PROFIBUS 是西门子的现场总线通信协议，它作为工厂数字通信网络的基础，建立了生产过程现场与控制设备之间、生产过程现场与更高控制管理层之间的联系。本项目主要包括 S7-1500 PLC 与标准从站的 PROFIBUS DP 通信、S7-1500 PLC 与智能从站的 PROFIBUS DP 通信、两台 S7-300 PLC 的 PROFIBUS DP 通信三个任务。项目中系统介绍了 PROFIBUS 现场总线的特点、PROFIBUS 现场总线协议结构以及它在工业自动化中的应用、PROFIBUS 通信网络构建方法及所需硬件。

项目目标

知识目标

1. 了解 PROFIBUS 现场总线的特点。
2. 熟悉 PROFIBUS 现场总线协议的结构及特点。
3. 掌握 PROFIBUS 现场总线的分类及应用场合。
4. 掌握简单 PROFIBUS 通信网络构建及实现方法。

技能目标

1. 能根据控制要求，构建 PROFIBUS 现场总线通信系统。
2. 能根据控制要求，进行 PROFIBUS 控制系统的硬件配置及组态。
3. 能根据控制要求，借助西门子博途软件，实现 S7 系列 PLC 与标准从站和智能从站的通信。

素养目标

1. 通过项目任务学习，养成自主学习的习惯，树立技术报国的思想意识。
2. 通过项目任务分析，培养积极思考、举一反三地解决问题的能力。
3. 通过项目任务实施，培养团队协作能力，提升信息归纳、总结、提炼能力。

任务 4.1 S7-1500 PLC 与标准从站的 PROFIBUS DP 通信

任务描述

本任务在充分理解 PROFIBUS 现场总线的特点、协议结构、主要网络组件的基础上，使用西门子博途软件，通过简单组态的方式实现 S7-1500 PLC 与标准从站 ET 200SP 之间的 PROFIBUS DP 通信。

知识链接

PROFIBUS 现场总线是一种应用广泛的、开放的、不依赖设备生产商的现场总线标准，适用于快速、时间要求严格的应用和复杂的通信任务。其通信本质是 RS485 串口通信，按照对应用环境的要求可分为 PROFIBUS DP 和 PROFIBUS PA 两种互相兼容的规约。

其特点包括：

（1）连接现场设备。PROFIBUS 可以将各种现场设备连接起来，实现数据的传输和通信。

（2）支持多种应用。PROFIBUS 不仅适用于工厂自动化，还适用于过程自动化和驱动应用，这使得它在工业网络控制领域有着广泛的应用。

（3）分布式数字控制。PROFIBUS 实现了从现场设备层到车间级监控的分布式数字控制，提高了系统的灵活性和可靠性。

（4）现场通信网络。作为一种现场总线技术，PROFIBUS 构建了一个现场通信网络，有助于提高数据传输的效率和实时性。

（5）行规多样性。PROFIBUS 现场总线包括不同的行规，以满足不同应用场景的需求。

PROFIBUS 的网络设备主要有：PROFIBUS 接口、PROFIBUS 插头、有源终端电阻、通信介质、中继器以及光链路模块等。PROFIBUS 设备根据其在网络中所起的作用不同可分为 1 类主站、2 类主站和从站。其传输技术有用于 DP 的 RS485 技术和光纤传输技术，也有用于 PA 的 IEC 1158-2 传输技术。总线存取控制方式有主站间的令牌传递方式和主从站间的主从通信方式。

4.1.1 PROFIBUS 现场总线协议类型

2001 年，PROFIBUS 成为中国机械行业推荐标准 JB/T 10308—2001；2006 年，成为我国第一个工业通信领域现场总线技术国家标准 GB/T 20540—2006。目前，世界上许多自动化设备制造商都为其生产的设备提供了 PROFIBUS 接口，PROFIBUS 现场总线已广泛应用于加工制造、过程控制、楼宇自动化、交通电力等应用领域。PROFIBUS 现场总线根据应用的特点和用户不同的需要，可分为 PROFIBUS DP、PROFIBUS PA、PROFIBUS FMS 三个互相兼容版本的通信协议。

1. PROFIBUS DP

PROFIBUS DP（Distributed Peripheral，分布式外设），简称 DP。它使用了 ISO/OSI 通信标准模型的第一层和第二层，这种精简的结构保证了数据的高速传输，特别适用于 PLC 与现场分布式 I/O 设备之间的实时、循环数据通信。PROFIBUS DP 符合 IEC 61158 标准，采用混合访问协议令牌总线和主站 / 从站架构，主站之间的通信为令牌方式（多主站时，确保同一时刻只有一个起作用），主站与从站之间为主从方式（MS），以及这两种方式的混合。PROFIBUS DP 通过二线制屏蔽双绞线或光缆进行联网，可实现 9.6kbps~12Mbps 的数据传输速率。在三种通信协议类型中，PROFIBUS DP 的应用最为广泛。

2. PROFIBUS PA

PROFIBUS PA（Process Automation，过程自动化）是以 PROFIBUS DP 为基础的，增加了 PA 行规以及相应的传输技术，使 PROFIBUS 能更好地满足各种过程控制的要求。通信采用扩展的 PROFIBUS DP 协议，传输技术采用 IEC 61158-2，即提供标准的本质安全的传输技术；网络可基于屏蔽双绞线线路进行本质安全设计，数据传输速率为 31.25Mbps，主要用于面向过程自动化系统中有本质安全要求的防爆场合。

3. PROFIBUS FMS

PROFIBUS FMS（Field Message Specification，现场总线报文规范）使用了 ISO/OSI 通信标准模型的第一层、第二层和第七层，用于车间级（PLC 和 PC）的数据通信，也可以实现不同供应商的自动化系统之间的数据传输。但目前 PROFIBUS FMS 已经很少使用。

4.1.2 PROFIBUS 现场总线通信协议

1. PROFIBUS 现场总线通信协议结构

PROFIBUS 根据 ISO 7498 标准，以 OSI 参考模型为基础，并增加了用户层。第 1 层为物理层，用来定义物理传输特性；第 2 层为数据链路层，用来解决两个相邻节点之间的通信问题；第 3~7 层未加描述；用户层用来定义应用功能。PROFIBUS 现场总线通信协议结构示意图如图 4-1 所示。

<table>
<tr><td rowspan="3">用户层</td><td>DP行规</td><td>PA行规</td></tr>
<tr><td>基本功能
扩展功能</td><td>基本功能
扩展功能</td></tr>
<tr><td colspan="2">DP用户接口
直接数据链路映像程序（DDLM）</td></tr>
<tr><td>应用层（7）</td><td rowspan="2"></td><td rowspan="2"></td></tr>
<tr><td>（3）~（6）</td></tr>
<tr><td>数据链路层（2）</td><td>现场总线数据
链路（FDL）</td><td>IEC接口</td></tr>
<tr><td>物理层（1）</td><td>RS485/光纤</td><td>IEC 1158-2</td></tr>
</table>

图 4-1　PROFIBUS 现场总线通信协议结构示意图

PROFIBUS DP 定义了第 1 层、第 2 层和用户层。直接数据链路映像程序（DDLM）提供了对第 2 层的访问，第 3 层至第 7 层未加描述，这种简化的协议结构保证了数据传输的快速性和有效性。该模型提供了 RS485 传输技术和光纤传输技术，详细说明了各种不同 PROFIBUS DP 设备的行为，定义了用户、系统以及不同设备可以调用的应用功能，特别适合可编程控制器与现场分散的 I/O 设备之间的快速通信。

PROFIBUS PA 采用扩展的 PROFIBUS DP 协议进行数据传输，另外，它还使用了描述现场设备行为的 PA 规范。根据 IEC 1158-2 标准，这种传输技术可以确保其本质安全，并使现场设备通过总线供电。通过 DP/PA 耦合器和 DP/PA LINK 连接器，系统可以将 PROFIBUS PA 设备很方便地集成到 PROFIBUS DP 网络上。DP/PA 耦合器用于在 DP 和 PA 之间传递物理信号，适用于简单网络与对运行时间要求不高的场合，分为两种类型：非本质安全型和本质安全型。PROFIBUS PA 是为满足过程自动化工程中高速、可靠的通信要求而特别设计的。用 PROFIBUS PA 可以把传感器和执行器连接到现场总线上，即使在防爆区域的传感器和执行器也是这样。

2. PROFIBUS 总线存取协议

PROFIBUS DP 和 PROFIBUS PA 均使用一致的总线存取协议，通过 OSI 参考模型的第 2 层（数据链路层）来实现。介质存取控制（Medium Access Control，MAC）必须确保在任何时刻只能由一个站点发送数据。PROFIBUS 协议的设计要满足介质控制的两个基本要求：其 ，同 级的 PLC 或主站之间的通信必须使每一个主站在确定的时间范围内能获得足够多的机会来处理它自己的通信任务；其二，主站和从站之间应尽可能快速而又简单地完成数据的实时传输。为此，PROFIBUS 使用混合的总线存取控制机制来实现上述目标，包括用于主站之间通信的令牌传递方式和用于主站与从站之间通信的主从方式。

当一个主站获得令牌时，它就可以拥有主从站通信的总线控制权，而且此地址在整个总线上必须是唯一的。在一个总线内，最大可使用的站地址范围是 0~126，也就是说一个总线系统最多可以有 127 个节点。

这种总线存取控制方式可以有以下 3 种系统配置：纯主 - 主系统（令牌传递方式）、纯主 - 从系统（主从方式）和两种方式的组合。PROFIBUS 的总线存取机制与所使用的传输介质无关，即不论使用的是铜质电缆还是光纤电缆，效果是一样的。

微课视频

S7-1500 PLC 与标准从站 ET 200SP 的 PROFIBUS DP 通信

任务实施

1. 通信要求

使用简单组态方式实现 S7-1500 PLC（地址为 2）与标准从站 ET 200SP（地址为 3）的 PROFIBUS DP 通信，通信速率为 1.5Mbps。

2. 硬件配置

系统选用 S7-1500 PLC 作为主站，型号为 CPU 1516-3PN/DP，具体配置见表 4-1；系统选用 ET 200SP 作为从站，具体配置见表 4-2。

表 4-1　S7-1500 PLC 配置清单

槽位	模块名称	订货号
0	PM 70W 120/230V	6EP1332-4BA00
1	CPU 1516-3PN/DP	6ES7 516-3AN00-0AB0
2	DI 32x24VDC HF	6ES7 521-1B100-0AB0
3	DQ 32x24VDC/0.5A ST	6ES7 522-1BL00-0AB0
4	AI 8xU/I/RTD/TC ST	6ES7 531-7KF00-0AB0
5	AQ 4xU/I ST	6ES7 532-5HD00-0AB0

表 4-2　ET 200SP 配置清单

槽位	模块名称	订货号
0	IM 155-6 DP HF	6ES7 155-6BU00-0CN0
1	DI 8x24VDC ST	6ES7 131-6BF00-0BA0
2	DI 8x24VDC ST	6ES7 131-6BF00-0BA0
3	DQ 16x24VDC/0.5A ST	6ES7 132-6BH00-0BA0
4	AI 4xU/I 2-wire ST	6ES7 134-6HD00-0BA1
5	AQ 4xU/I ST	6ES7 135-6HD00-0BA1
6	服务器模块	6ES7 193-6PA00-0AA0

3. 实施步骤

（1）S7-1500 PLC 硬件组态。

打开西门子博途软件，创建新项目，修改项目名称为“S7-1500 PLC 与标准从站的

PROFIBUS DP 通信”。打开项目视图，按照 S7-1500 PLC 配置清单添加电源、CPU、数字量输入输出模块、模拟量输入输出模块，可通过离线手动和在线自动的方式进行组态，组态完成后如图 4-2 所示。

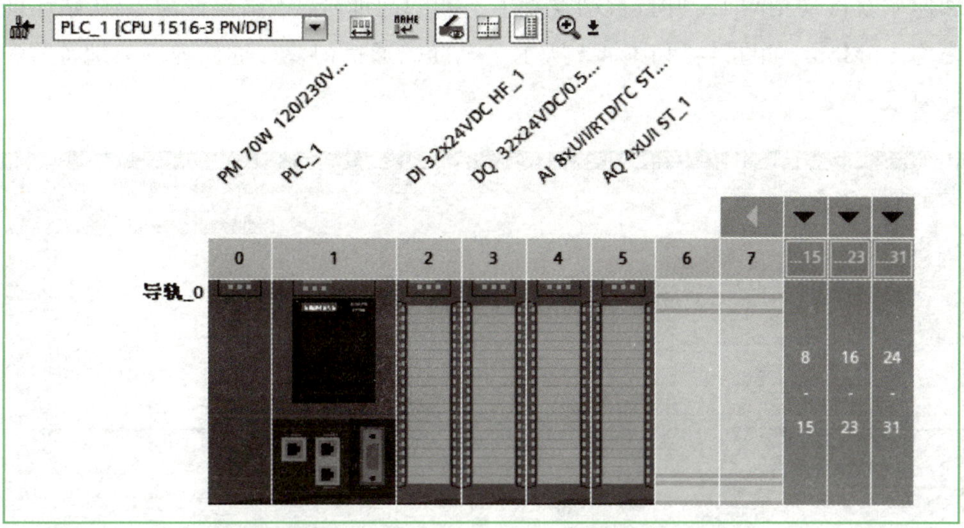

图 4-2　S7-1500 PLC 硬件组态

（2）ET 200SP 硬件组态。

按照 ET 200SP 配置清单添加各模块，可通过离线手动和在线自动的方式进行组态，组态完成后如图 4-3 所示。

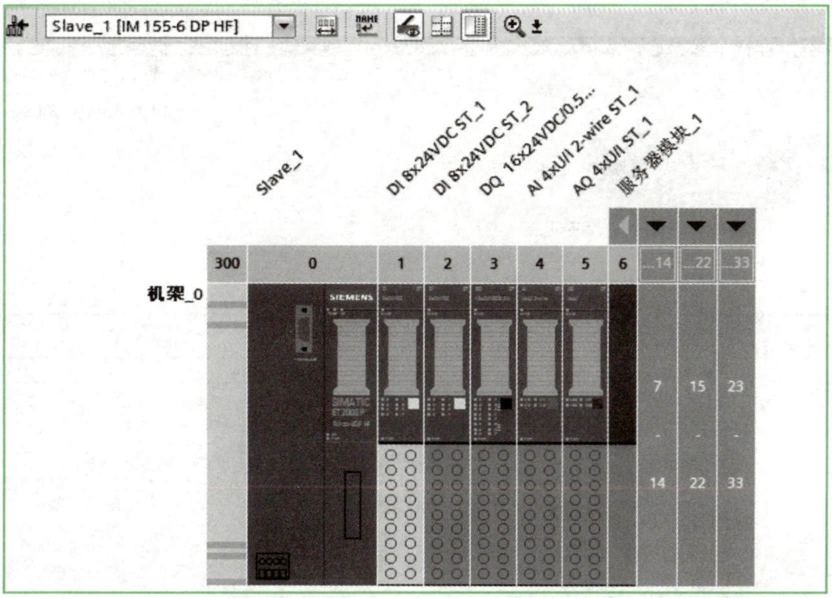

图 4-3　ET 200SP 硬件组态

（3）PROFIBUS DP 通信组态。

将组态工作区切换至“网络视图”，再单击 PROFIBUS DP 接口图标并通过拖拽操作建立 PROFIBUS 连接，即可完成通信的组态。完成建立连接的操作后，两个站点的协议和速率就自动相同了，并且自动设置了不同的地址号，主站地址为 2，从站地址为 3，传输率为 1.5Mbps，如图 4-4 和图 4-5 所示。至此，通信协议、通信速率与地址号都已满足设计要求。

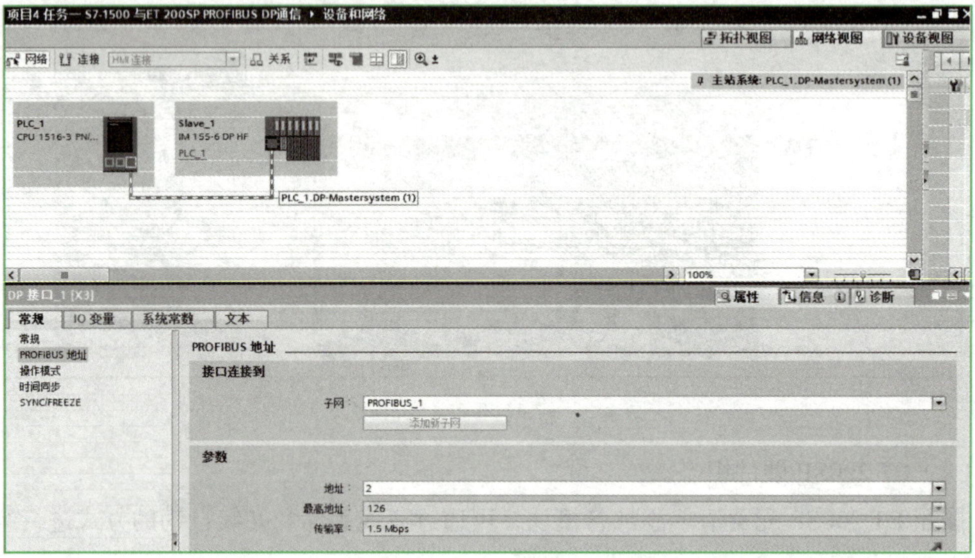

图 4-4　主站通信组态

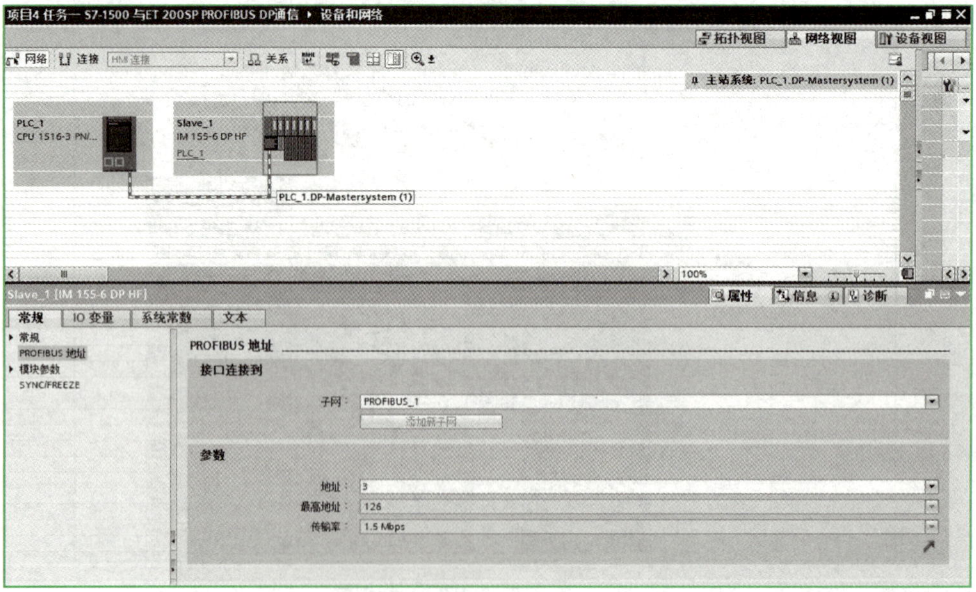

图 4-5　从站通信组态

S7-1500 PLC 与标准从站通信的数据交换很好理解，在本任务中标准从站 ET 200SP 的数据发送接收区就是它的 I/O 地址，如图 4-6 所示。S7-1500 PLC 要读取 ET 200SP 的 1 号槽的 7 通道数据时，读取 I20.7 即可；要读取 ET 200SP 的 2 号槽的 0 通道数据时，读取 I21.0 即可；要读取 ET 200SP 的 4 号槽的第一个通道数据时，读取 IW22 即可；向 ET 200SP 的 5 号槽的最后一个通道写入数据时，向 QW20 赋值即可。

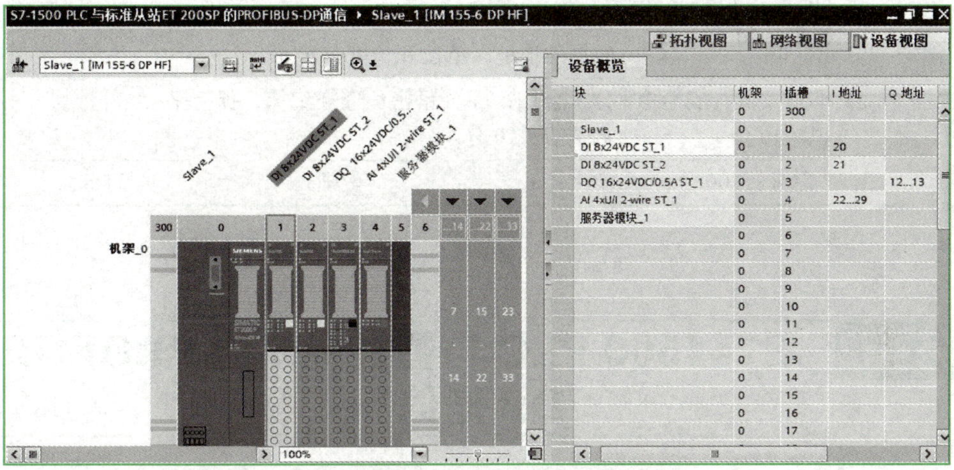

图 4-6　从站 ET 200SP 的数据发送接收区

任务评价

任务实施评价见表 4-3。

表 4-3　任务实施评价表

____学年		工作形式：□个人　□小组分工　□小组	评分		工作时间
任务	训练内容与分值	训练要求	学生自评	教师评分	
S7-1500 PLC 与标准从站的 PROFIBUS DP 通信	1. 西门子 PROFIBUS 总线通信协议类型描述（20 分）	正确描述西门子 PROFIBUS 总线通信协议类型（10 分） 正确描述不同西门子通信协议的应用场合（10 分）			
	2. 西门子 PROFIBUS 总线协议结构认知（20 分）	正确描述 PROFIBUS DP 协议结构（10 分） 正确描述 PROFIBUS PA 协议结构（10 分）			
	3. 主站与标准从站 PROFIBUS DP 通信系统的构建（30 分）	按照通信要求，正确设置主站通信参数，包括通信地址、通信速率（15 分） 按照通信要求，正确设置从站通信参数，包括通信地址、通信速率（15 分）			

续表

____学年		工作形式：□个人　□小组分工　□小组	评分		工作时间
任务	训练内容与分值	训练要求	学生自评	教师评分	
	4. 西门子 PROFIBUS DP 通信传输区的设置（20 分）	按照通信要求，正确读取 PROFIBUS DP 标准从站的数据，正确向 PROFIBUS DP 标准从站写入数据，包括从站接收和发送数据的地址、单位和长度（20 分）			
	5. 职业素养与安全意识（10 分）	分工合作，配合紧密；遵守纪律，保持平台整洁（10 分）			
	总分：100 分	学生：　　　　教师：　　　　日期：			

任务 4.2　S7-1500 PLC 与智能从站的 PROFIBUS DP 通信

任务描述

本任务在充分了解 PROFIBU DP 系统的典型组成和网络结构的基础上，使用西门子博途软件，通过组态的方式实现 S7-1500 PLC 与智能从站 S7-300 PLC 之间的 PROFIBUS DP 通信。

知识链接

现场总线系统的应用在很大程度上取决于采用哪种传输技术，而且既要考虑传输的拓扑结构、传输速率、传输距离和传输的可靠性等通用要求，还要考虑成本低廉、使用方便等因素。在过程自动化的应用中，为了满足本质安全的要求，数据和电源还必须使用同一根传输媒介，因此单一的传输技术不可能满足以上所有要求。

在通信模型中，物理层直接和传输介质相连，规定了线路传输介质、物理连接的类型以及电气、功能等特性，提供了 RS485 和光纤这两种数据传输类型。

4.2.1 PROFIBUS DP 网络的传输技术

1. RS485 传输技术

基于 EIA 定义的 RS485 传输方式，是 PROFIBUS 系统中最常用的方式之一。使用带有屏蔽层的双绞线，采用平衡差分传输技术，传输速率为 9.6kbps~12Mbps，总线上的所有设备使用相同的传输速率。各设备均连接在具有线形拓扑结构的总线上。每个网段最多可以连接 32 个设备，每个网段可允许的最大总线长度取决于传输速率的大小。当多于 32 个设备或者需要延长总线长度时，系统可使用 RS485 中继器进行网段扩展。DP 的 RS485 总线段的结构如图 4-7 所示。

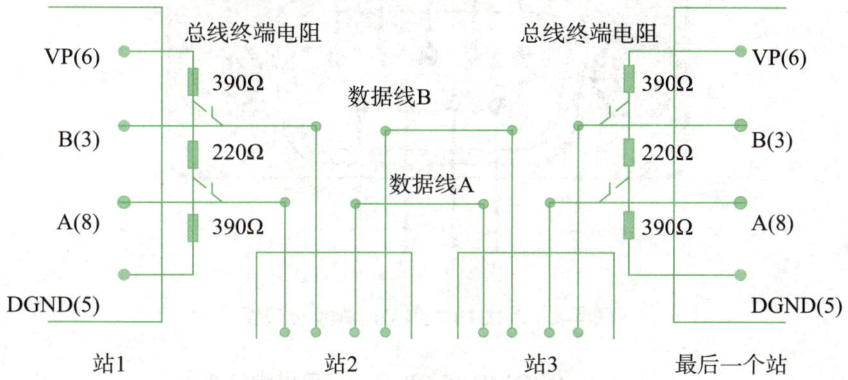

图 4-7　DP 的 RS485 总线段的结构

2. 光纤传输技术

在电磁干扰很大的环境或需要覆盖很远的传输距离的网络应用中，系统可使用光纤传输技术。光纤是一种采用玻璃作为波导，以光的形式将信息从一端传送到另一端的技术。光纤电缆对电磁干扰不敏感并能保证总线上站与站的电气隔离，允许 PROFIBUS 系统站之间的最远距离为 15 km。现在的低损耗玻璃光纤相对于早期发展的传输介质，几乎不受带宽限制且传输距离远、衰减小。点对点的光纤传输系统由 3 个基本部分构成：产生光信号的光发送机、携带光信号的光缆和接收光信号的光接收机。许多厂商提供专用总线插头，可将 RS485 信号转换成光纤信号，或者将光纤信号转换成 RS485 信号，这使得在同一系统中，可同时使用 RS485 传输技术和光纤传输技术。为了使光纤导体与总线站连接，可以采用光纤链接模块（Optical Link Module，OLM）、光链路插头（Optical Link Plug，OLP）、集成的光缆和光纤总线终端（Optical Bus Terminal，OBT）等连接技术。

4.2.2 PROFIBUS DP 接口与传输

西门子公司提供了专用的 PROFIBUS DP 接口，PROFIBUS DP 总线接口如图 4-8 所示，其具体的引脚说明见表 4-4。其中，引脚 3 连接的是 PROFIBUS 电缆的信号线 B（红色），引脚 8 连接的是电缆的信号线 A（绿色）。引脚 2 和引脚 7 提供 24V 电源可以给 PC 适配器供电，但是这两个引脚在大部分从站的接口中是不提供的，所以需要采用接口供电的一些 PC 适配器无法使用。

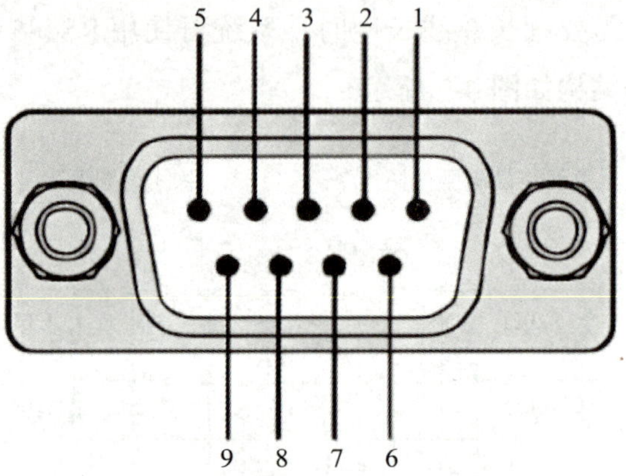

图 4-8 PROFIBUS DP 总线接口图

表 4-4 PROFIBUS DP 总线接口引脚说明

引脚号	信号名称	设计含义
1	SHIELD	屏蔽或功能地
2	M24	24V 输出电压地（辅助电源）
3	RXD/TXD-P	接收和发送数据——正 B 线
4	CNTR-P	方向控制信号 P
5	DGND	数据基准电位（地）
6	VP	供电电压——正
7	P24	24V 输出电压正（辅助电源）
8	RXD/TXD-N	接收和发送数据——负 A 线
9	CNTR-N	方向控制信号 N

4.2.3 PROFIBUS DP 系统典型组成

PROFIBUS DP 系统主要由主站、从站、网络部件和网络工具等组成。主、从站为控制系统设备；网络部件包括通信介质（如电缆、光缆等）、总线连接器（如中继器

RS485 总线连接器等），以及用于连接串行通信、以太网、执行器 / 传感器接口（Actuator/Sensor Interface，AS-I）、电气安装总线（Electrical Installation Bus，EIB）等网络系统的网络转换器；网络工具包括 PROFIBUS 网络配置、诊断的软件与硬件，用于网络的安装与调试。PROFIBUS DP 系统使用的典型设备如图 4-9 所示。PROFIBUS DP 系统典型设备说明见表 4-5。

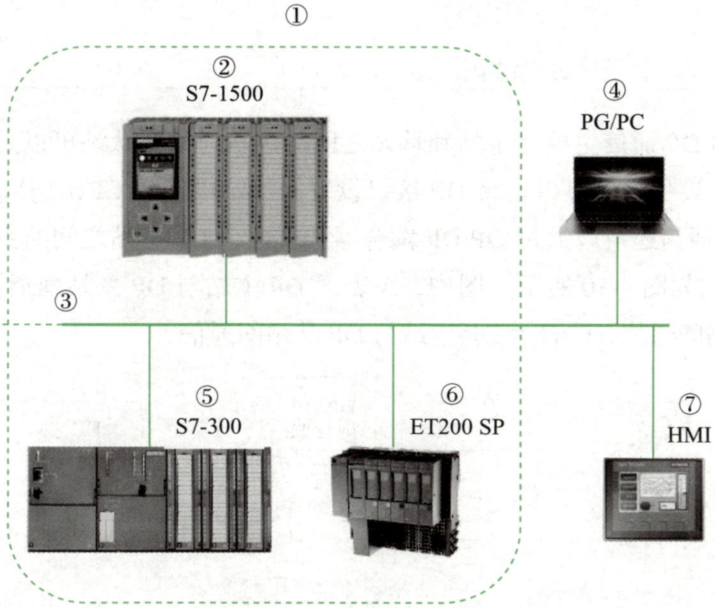

图 4-9　PROFIBUS DP 系统典型设备

表 4-5　PROFIBUS DP 系统典型设备说明

编号	PROFIBUS DP 系统	典型设备说明
①	DP 主站系统	单主站系统
②	DP 主站	用于对连接的 DP 从站进行寻址的设备 PG/PC/HMI 设备用于调试和诊断 DP 主站通常是运行自动化程序的控制器
③	PROFIBUS 网络架构	网络基础结构
④	PG/PC	PG/PC/HMI 设备用于调试和诊断 二类 DP 主站
⑤	智能从站	智能 DP 从站
⑥	DP 从站	分配给 DP 主站的分布式现场设备，如阀门终端、变频器等
⑦	HMI	用于操作和监视的设备

主站主要有一类主站和二类主站两种类型。一类主站是指 PLC、PC 或可做一类主站

的控制器，完成总线通信控制与管理；二类主站是指操作员工作站（如PC加图形监控软件）、编程器、操作员接口等，完成各站点的数据读写、系统配置、故障诊断等功能。

从站主要有以PLC为代表的智能型终端设备、分布式I/O和驱动器、执行器、传感器等支持PROFIBUS接口的现场设备。此类设备为被动站点，由主站在线完成系统配置、参数修改和数据交换等功能。

4.2.4 PROFIBUS DP系统通信方式

PROFIBUS DP通信主要是主站和从站之间的主从通信。从站可以是ET200、变频器等纯粹的I/O设备，也可以是将DP接口设置为从站模式的CPU，称之为智能从站。PROFIBUS DP通信还可以通过DP/DP耦合器实现两个DP主站之间的主通信，其具体实现的通信方式如图4-10所示。图中，A表示DP主站与DP主站间通信，B表示DP主站与智能从站间通信，C表示DP主站与DP从站间通信。

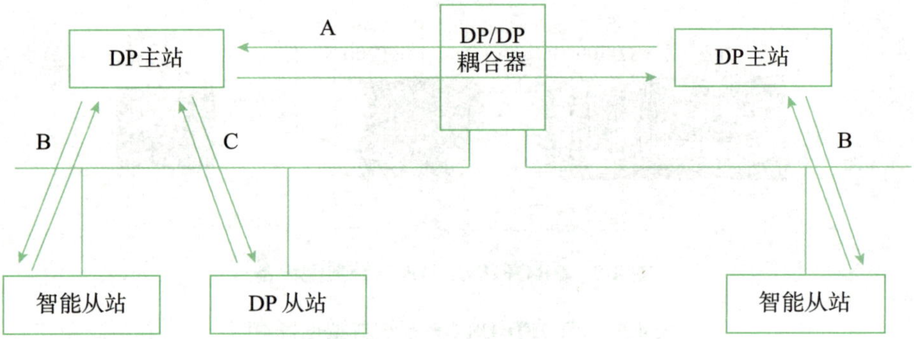

图4-10 PROFIBUS DP系统通信方式

任务实施

S7-1500 PLC与智能从站的PROFIBUS DP通信实现

1. 通信要求

使用简单组态方式实现S7-1500 PLC（PLC_1地址为2）与智能从站S7-300 PLC（PLC_2地址为3）的PROFIBUS DP通信，通信速率为1.5Mbps。具体要求如图4-11所示。PROFIBUS DP的组态方式通信需要使用输入/输出过程映像区I和Q作为通信数据区。

2. 硬件配置

系统选用S7-1500 PLC作为主站，型号为CPU 1516-3PN/DP，具体配置见任务4.1的表4-1。系统选用S7-300 PLC作为从站，具体配置见表4-6。

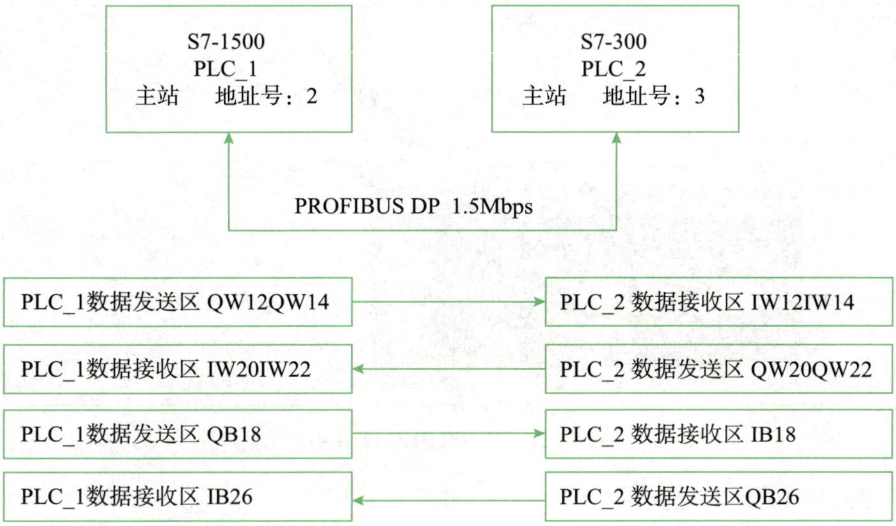

图 4-11　S7-1500 PLC 与智能从站 S7-300 PLC 通信要求示意图

表 4-6　S7-300 PLC 配置清单

槽位	模块名称	订货号
1	PS 307 10A	6ES7 307-1KA01-0AA0
2	CPU 315-2DP	6ES7 315-2AC10-0AB0
4	DI8/DO8	6ES7 323-1BH01-0AA0

S7-1500 CPU 集成的 PROFIBUS DP 接口仅支持主站，不可作为从站。因此本任务选用 S7-300 CPU 作为智能从站（S7-1500 的 PROFIBUS 通信模块 CM1542-5 可以作为主站和从站，大多数 S7-300 的集成 PROFIBUS DP 接口都支持主站和从站）。

3. 实施步骤

（1）S7-1500 PLC 硬件组态。

打开西门子博途软件，创建新项目，修改项目名称为“S7-1500 PLC 与智能从站 PROFIBUS DP 通信”。打开项目视图，按照 S7-1500 PLC 配置清单添加电源、CPU、数字量输入输出模块、模拟量输入输出模块，可通过离线手动和在线自动的方式进行组态，组态完成后如任务 4.1 图 4-2 所示。

（2）S7-300 PLC 硬件组态。

按照 S7-300 PLC 配置清单添加各模块，S7-300 PLC 只能通过离线手动的方式进行组态，组态完成后如图 4-12 所示。

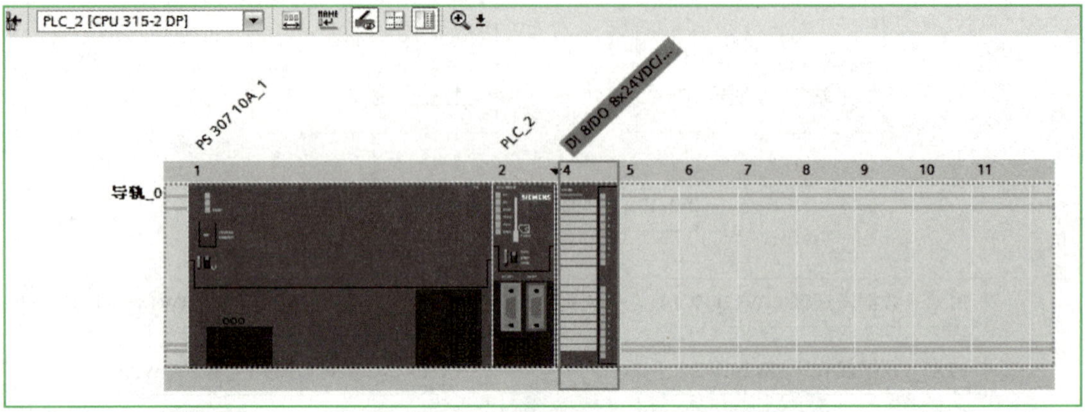

图 4-12 S7-300 PLC 硬件组态

（3）PROFIBUS DP 通信组态。

将组态工作区切换至“网络视图”，再单击 PROFIBUS DP 接口图标并通过拖拽操作建立 PROFIBUS 连接，即可完成通信的组态。选中 PROFIBUS_1 接口，单击“属性”→“常规”→“操作模式”，操作模式默认为“主站”，改为“DP 从站”，分配的 DP 主站选择“PLC_1 DP 接口 _1”。根据通信要求，设置 4 个传输区，包括主站地址、从站地址、长度、单位信息。PROFIBUS DP 智能从站通信配置界面如图 4-13 所示。完成建立连接的操作后，两个站点的协议和速率就自动相同了，并且自动设置了不同的地址号。至此，通信协议、通信速率与地址号都已满足设计要求。

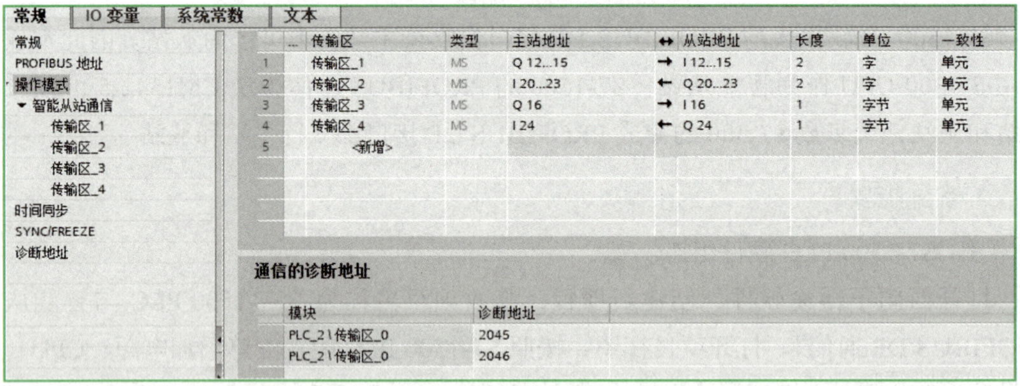

图 4-13 PROFIBUS DP 智能从站通信配置界面

根据通信要求，在主站 PLC_1 和智能从站 PLC_2 中分别新建 PLC1 接收、PLC1 发送、PLC2 接收、PLC2 发送四个数据块。通过 DPRD_DAT、DPWR_DAT 指令分别读取智能从站一致性数据和向智能从站发送一致性数据。指令中 LADDR 端为待读取 / 写入数据的模块的智能区域中组态的起始地址，注意此处的地址必须以十六进制格式指定；指令中 RECORD 端为要读取 / 写入的用户数据所在的目标区域。只要已为所选块进行了组态，目标区域就必须准确。注意，对于 S7-300 CPU，参数 RECORD 需要包括 DB 参数的所有技术数据。只有 S7-300 CPU，才可省略显式 DB 编号，否则会导致用户程序报错；指令执行中如果发生错误，则参数 RET_VAL 的返回值中将包括错误代码。PROFIBUS DP 主站通信程序和智能从站通信程序分别如图 4-14 和图 4-15 所示。

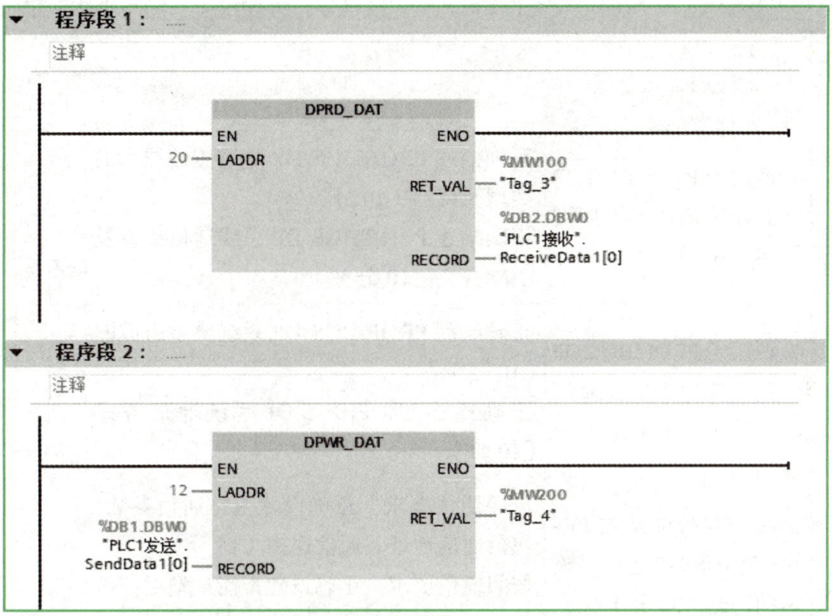

图 4-14　PROFIBUS DP 主站通信程序

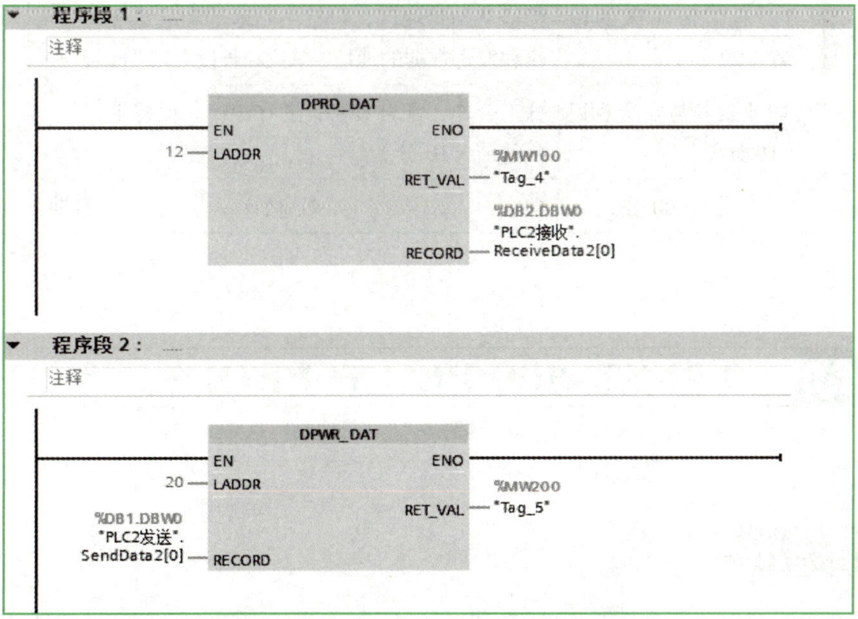

图 4-15　PROFIBUS DP 智能从站通信程序

任务评价

任务实施评价见表 4-7。

表 4-7 任务实施评价表

____学年		工作形式：□个人 □小组分工 □小组	评分		工作时间
任务	训练内容与分值	训练要求	学生自评	教师评分	
S7-1500 PLC 与智能从站的 PROFIBUS DP 通信	1. 西门子 PROFIBUS DP 总线传输技术类型描述（20 分）	正确描述 PROFIBUS DP 总线传输技术的类型及特点（10 分） 正确描述 PROFIBUS DP 总线通信接口及引脚含义（10 分）			
	2. 西门子 PROFIBUS DP 系统典型组成和通信方式认知（20 分）	正确绘制 PROFIBUS DP 系统典型组成图（10 分） 正确描述 PROFIBUS DP 系统通信方式（10 分）			
	3. 主站与智能从站 PROFIBUS DP 通信系统的构建（30 分）	按照通信要求，正确设置主站通信参数，包括通信地址、通信速率（15 分） 按照通信要求，正确设置智能从站通信参数，包括通信地址、通信速率（15 分）			
	4. 西门子 PROFIBUS DP 通信传输区的设置（20 分）	按照通信要求，正确设置 PROFIBUS DP 标准从站传输区，包括主站地址和从站接收和发送数据的地址、单位和长度（20 分）			
	5. 职业素养与安全意识（10 分）	分工合作，配合紧密；遵守纪律，保持平台整洁（10 分）			
	总分：100 分	学生： 教师： 日期：			

任务 4.3 两台 S7-300 PLC 的 PROFIBUS DP 通信

任务描述

本任务采用 PROFIBUS DP 通信方式，完成两台 S7-300 PLC 之间的信息交换和控制功能。具体要求包括：主站输入信号控制从站电动机的运行和停止；从站输入信号控制主站电动机的运行和停止；电动机按照运行 10s、停止 2s 的周期工作，如此循环。

知识链接

由于 PROFIBUS DP 是一种通信标准，因此符合 PROFIBUS DP 规约的第三方设备也可以加入 PROFIBUS 网络。为了将不同厂商生产的 PROFIBUS 产品集成在一起，生产厂商必须为其产品提供电子 GSD 文件。GSD（General Station Description）文件是对 PROFIBUS DP 设备性能的描述，例如对设备的波特率、信息长度、诊断信息等参数进行详细说明，通常以 *.GSD 或 *.GSE 文件名出现。将 GSD 文件导入编程软件中就可以在硬件配置界面的目录中找到这个设备并组态通信接口。

4.3.1 GSD 文件组成

GSD 文件包含用于通信通用、设备专用的规范。其文件结构可以分为以下 3 个部分：

（1）一般规范。这部分包括制造商的信息、设备的名称、硬件和软件的版本状况、所支持的传输速率、可能的监视时间间隔以及在总线连接器上的信号分配等。

（2）与 DP 主站有关的规范。这部分包含所有与主站有关的参数，如最大可连接的从站个数、上装和下载选项等。这部分内容不能用于从站设备。

（3）与 DP 从站有关的规范。这部分包括与从站有关的信息，如输入 / 输出通道的数量和类型、中断测试的规范、输入 / 输出数据一致性的信息等。

4.3.2 GSD 文件格式

GSD 是可读的 ASCII 文本文件，可以用任何一种 ASCII 编辑器（如记事本 UltraEdit 等）进行编辑，也可以用 PROFIBUS 用户组织提供的编辑程序（GSDEdit）进行编辑。GSD 文件由若干行组成，每行都以一个关键字开头，包括关键字及参数（无符号数或字符串）两部分。借助于关键字，组态工具从 GSD 文件中读取用于设备组态的设备标识、可调整的参数、相应的数据类型和所允许的界限值。GSD 文件中的关键字有些是强制性的，如 VendorName; 有些关键字是可选的，如 SyncMode Supp。GSD 代替了传统的手册，并在组态期间支持对输入错误及数据一致性的自动检查。

某一通信模块的 GSD 文本如下：

```
#PROFIBUS DP              ; DP 设备的 GSD 文件均以此关键字存在
GSD Revision= 1           ; GSD 文件版本
VendorName = "Meglev"     ; 设备制造商
Model Name="DP Slave"     ; 从站模块
Revision="Version 01"     ; 产品名称，产品版本
......
EndModule
```

通过将 GSD 文件读取到组态程序中，用户可以获得最适合使用的设备专用通信特性。为了支持设备商，PROFIBUS 网站上有专用的 GSD 编辑 / 检查程序可供下载，便于用户创建和检查 GSD 文件，也有专用的 GSD 文件库供相关设备的用户下载使用。

4.3.3 GSD 文件使用

运行 PROFIBUS 系统之前，需要先对系统及各站点进行硬件配置和相关参数的设置，即对系统进行硬件组态，这项工作可以由西门子编程软件博途来实现。硬件组态是将系统实际使用的 CPU、信号模块（SM）、通信模块（CM）等配置到对应的插槽上，并对各个硬件进行参数设置，这项操作对于控制系统的正常运行非常重要。它的主要功能如下：

（1）将配置好的信息下载到 CPU 中，使 CPU 按照配置的参数执行。

（2）将 I/O 模块的物理地址进行分配，映射为逻辑地址，便于程序块调用。

（3）CPU 将会比较模块的配置信息与实际安装的模块是否匹配，如 I/O 模块、AI/AQ 模块的安装位置、测量类型、型号等；如果不匹配，那么 CPU 将报警并将故障信息存储到诊断缓存区，方便用户进行相应的修改。

（4）CPU 将根据配置信息对模块进行实时监控，若模块有故障，则 CPU 将报警并将故障信息存储到诊断缓存区。

（5）一些智能模块，如通信的 CP/CM 模块、工艺模块（TM）等的配置信息将被存储到 CPU 中，若出现模块故障，则可直接更换，不需要重新下载配置信息。

（6）第三方设备集成及 CSD 文件安装与使用。

PROFIBUS 系统需要使用第三方设备时，应该得到设备厂商提供的 GSD 文件。将 GSD 文件复制到软件的指定目录下，即可在界面指导下完成第三方产品在系统中的配置及参数设置等工作。例如，S7-200 PLC 不支持 DP 通信协议，自身也不带 PROFIBUS DP 接口，但可以通过添加通信扩展模块 EM277，将 S7-200 作为从站连接到 PROFIBUS DP 网络中。

任务实施

微课视频

两台 S7-300 PLC 的 PROFIBUS DP 通信

1. 通信要求

使用硬件组态和程序实现一台 S7-300 PLC（PLC_1 地址为 2）与另一台 S7-300 PLC（PLC_2 地址为 3）的 PROFIBUS DP 通信，通信速率为 1.5Mbps。具体要求如图 4-16 所示。PROFIBUS DP 的组态方式通信需要使用输入 / 输出过程映像区 I 和 Q 作为通信数据区。主站和从站 PLC 的 I/O 地址分配分别见表 4-8 和表 4-9。

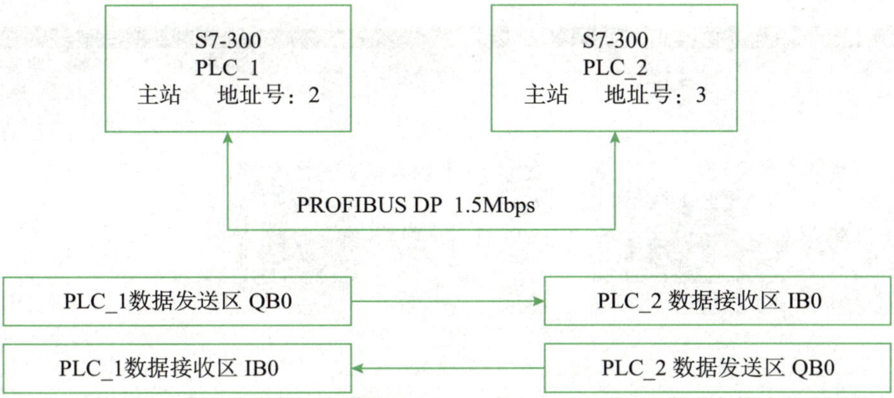

图 4-16　S7-1500 PLC 与智能从站 S7-300 PLC 通信要求示意图

表 4-8　主站 PLC I/O 地址分配

PLC I/O 地址	外部设备	用途
I125.0	起动按钮 SB1	从站电动机起动按钮
I125.1	停止按钮 SB2	从站电动机停止按钮
Q125.0	接触器线圈 KM1	主站电动机 M1 运行

表 4-9　从站 PLC I/O 地址分配

PLC I/O 地址	外部设备	用途
I125.0	起动按钮 SB3	主站电动机起动按钮
I125.1	停止按钮 SB3	主站电动机停止按钮
Q125.0	接触器线圈 KM2	从站电动机 M2 运行

2. 硬件配置

根据系统控制要求，系统配置包括：CPU 313C-2 DP PLC 两台，订货号为 6ES7 313-6CF03-0AB0；PROFIBUS-DP 通信电缆一根；PC 一台；PC/Adapter 编程电缆一根；编程软件为 TIA Portal V16 professional。S7-300 PLC 基于模块化结构设计，适用于中小型控

制系统。CPU 313C-2 DP PLC 是紧凑型 CPU，适合安装在分布式结构中，集成的数字量 I/O 可以直接与过程系统相连接。PROFIBUS DP 接口允许连接独立的 I/O 单元，既可以作为主站，也可以作为智能从站，用来建立高速、易用的分布式自动化系统。

3. 实施步骤

（1）S7-300 PLC 硬件组态。

打开西门子博途软件，创建新项目，修改项目名称为“两台 S7-300 PLC PROFIBUS DP 通信”。打开项目视图，按照 S7-300 PLC 配置清单分别添加 PLC_1 和 PLC_2 的 CPU 模块，组态完成后如图 4-17 所示。

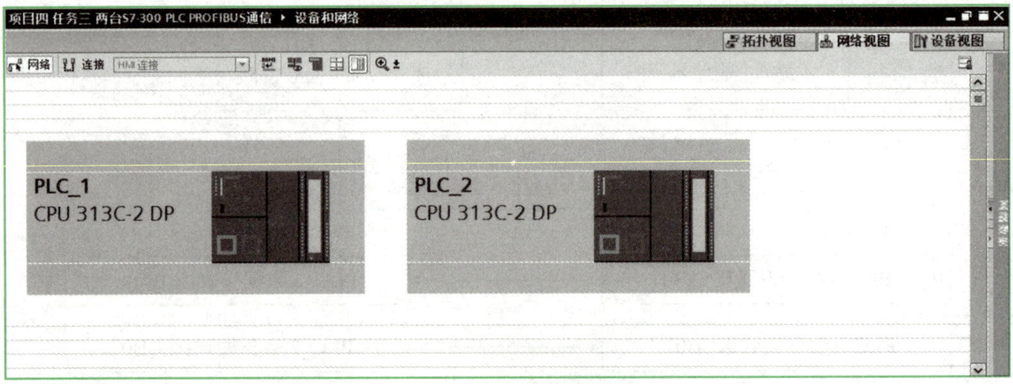

图 4-17　两台 S7-300 PLC 硬件组态

（2）I/O 地址分配。

对 PLC_1 设备进行输入 / 输出地址分配。如图 4-18 所示，在“设备视图”中选中 PLC_1 模块进入“属性”→“常规”→“DI16/DO16”→“输入”→“I/O 地址”界面，设定 PLC 的输入 / 输出通道地址。默认输入 / 输出起始地址为 124，结束地址为 125，可以在 0~1 022 范围内更改。本例中，PLC_1 模块分配的输入 / 输出地址为默认值。使用同样的方法为 PLC_2 设备进行输入 / 输出地址分配，即输入地址为 IB124、IB125，输出地址为 QB124、QB125。

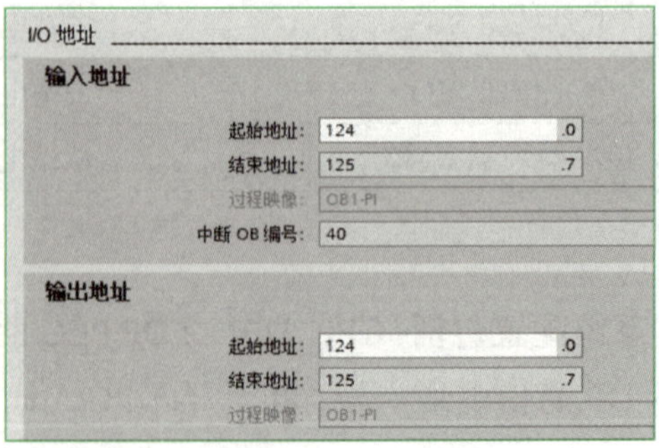

图 4-18　PLC_1、PLC_2 的 I/O 地址分配

（3）PROFIBUS DP 通信接口参数设置。

主站接口参数设置：在“设备视图”中，双击 PLC_1 设备的 PROFIBUS DP 接口，弹出通信接口配置界面，如图 4-19 所示。单击“添加新子网”按钮，自动生成 DP 总线子网“PROFIBUS_1”，网络地址为 2，传输率为 1.5Mbps，如图 4-20 所示，本例选择默认值。在“DP 接口 _1”的“常规”选项卡中，选择“操作模式”，如图 4-21 所示。默认选项为“主站”。

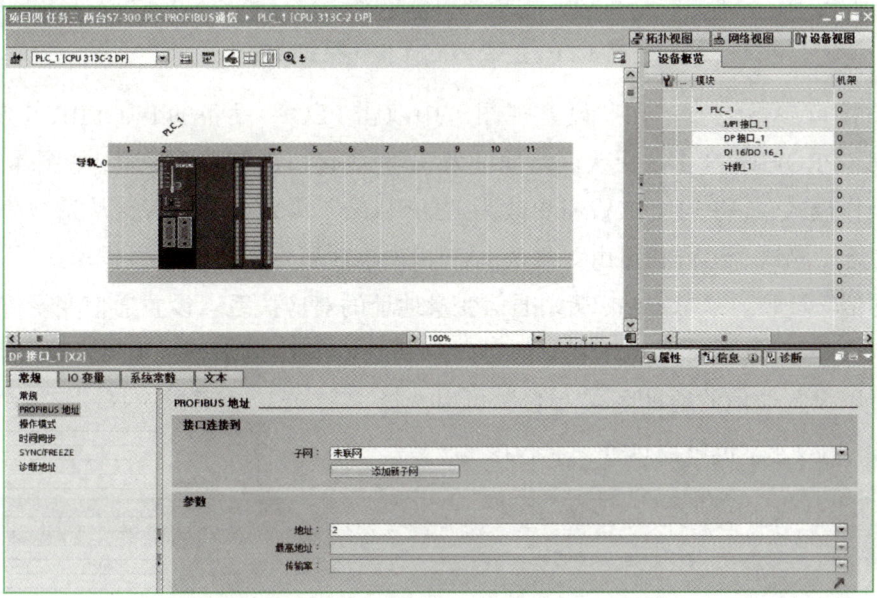

图 4-19　PROFIBUS DP 通信接口配置界面

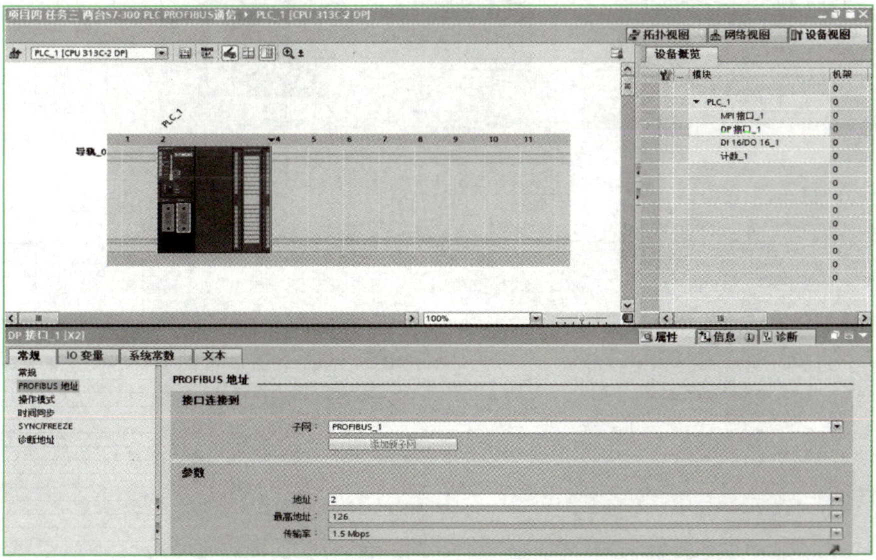

图 4-20　主站 PLC_1 接口参数配置

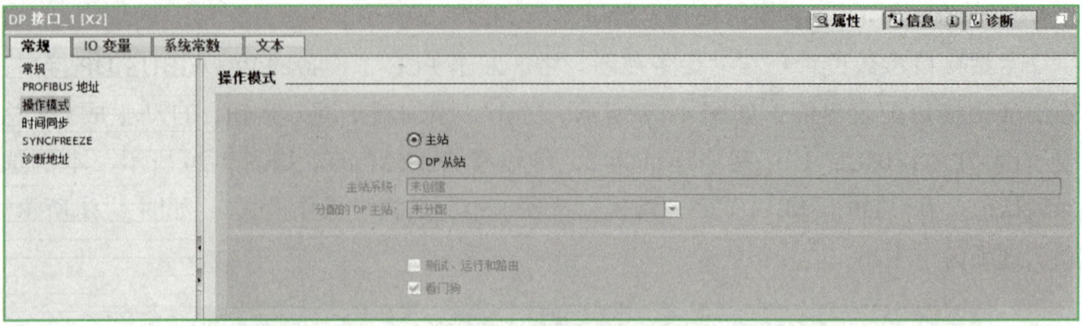

图 4-21　主站 PLC_1 操作模式选择

从站接口参数设置：在“设备视图”中双击 PLC_2 设备的 PROFIBUS DP 接口，选择子网“PROFIBUS_1”，更改网络地址为 3，完成接口通信参数配置，如图 4-22 所示。进入“操作模式”，将 PLC_2 设备更改为“DP 从站”模式，并配置该从站被分配的 DP 主站，勾选“测试、运行和路由”复选框，如图 4-23 所示。设置“操作模式”下的“智能从站通信”参数。考虑主站、从站通信变量地址的对应关系。设置通信变量传输区域，如图 4-24 所示。设置时需要注意通信方向总是从输出 O 区到输入 I 区，单击通信方向箭头，可以设置通信的地址区；“单位”可以选择“字节”，也可以选择“字”；“一致性”可以选择“单元”，也可以选择“总长度”。

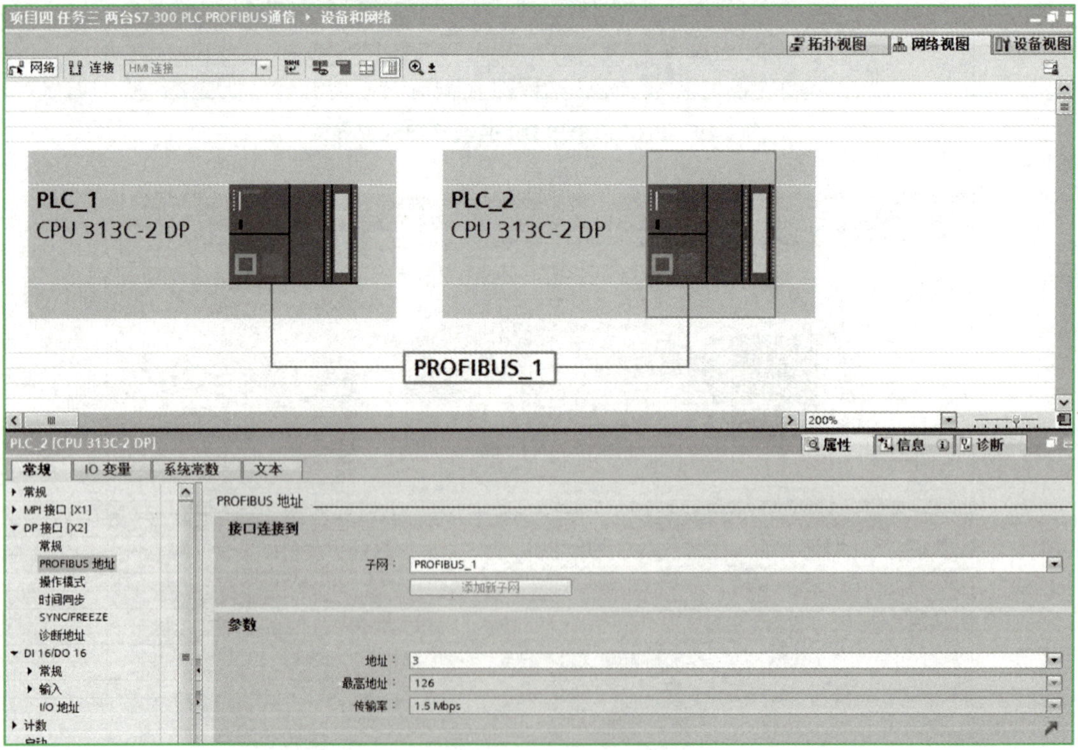

图 4-22　从站 PLC_2 接口参数配置

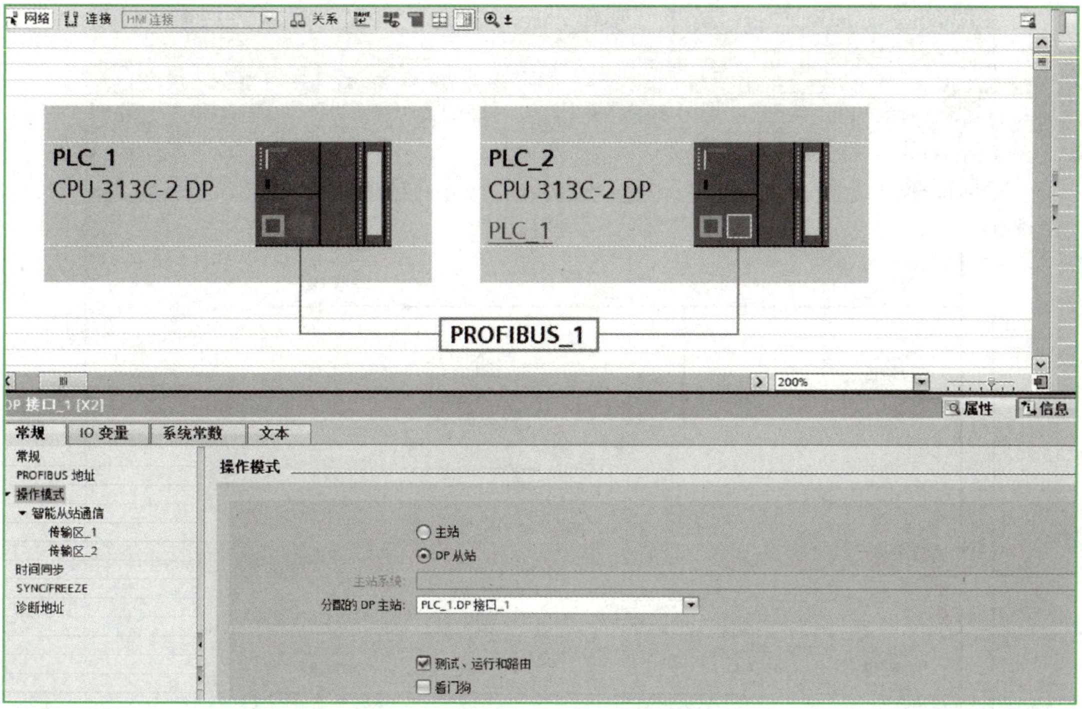

图 4-23 从站 PLC_2 操作模式选择

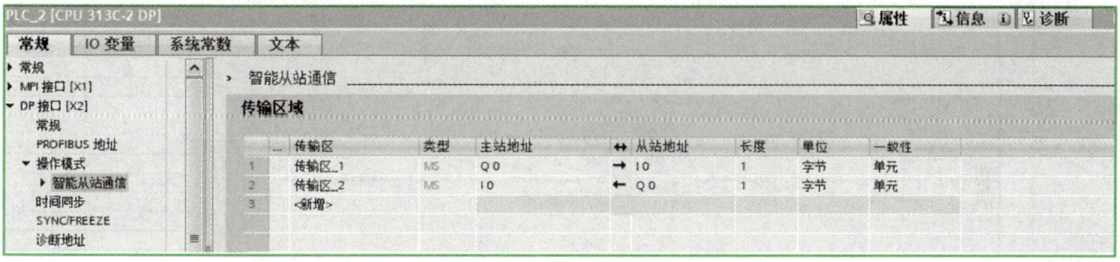

图 4-24 通信变量传输区域设置

所谓数据的一致性，是指在进行 PROFIBUS DP 数据传输时，数据的各个部分在传输时不会被割裂，保证同时更新，以免数据传输错误。选择“单元”，表示通信数据中每个字节都是独立的单元；选择“总长度”，表示通信数据是一个数组，通信数据在同一个数据包中。

（4）PROFIBUS DP 通信程序设计。

根据控制要求、PLC 的 I/O 地址分配及通信传输区域设置，分别在 PLC 的 Main（OB1）中编写程序，主站通信程序如图 4-25 所示，从站通信程序与主站相同，将主站、从站通信程序块分别下载至对应的 PLC 中。

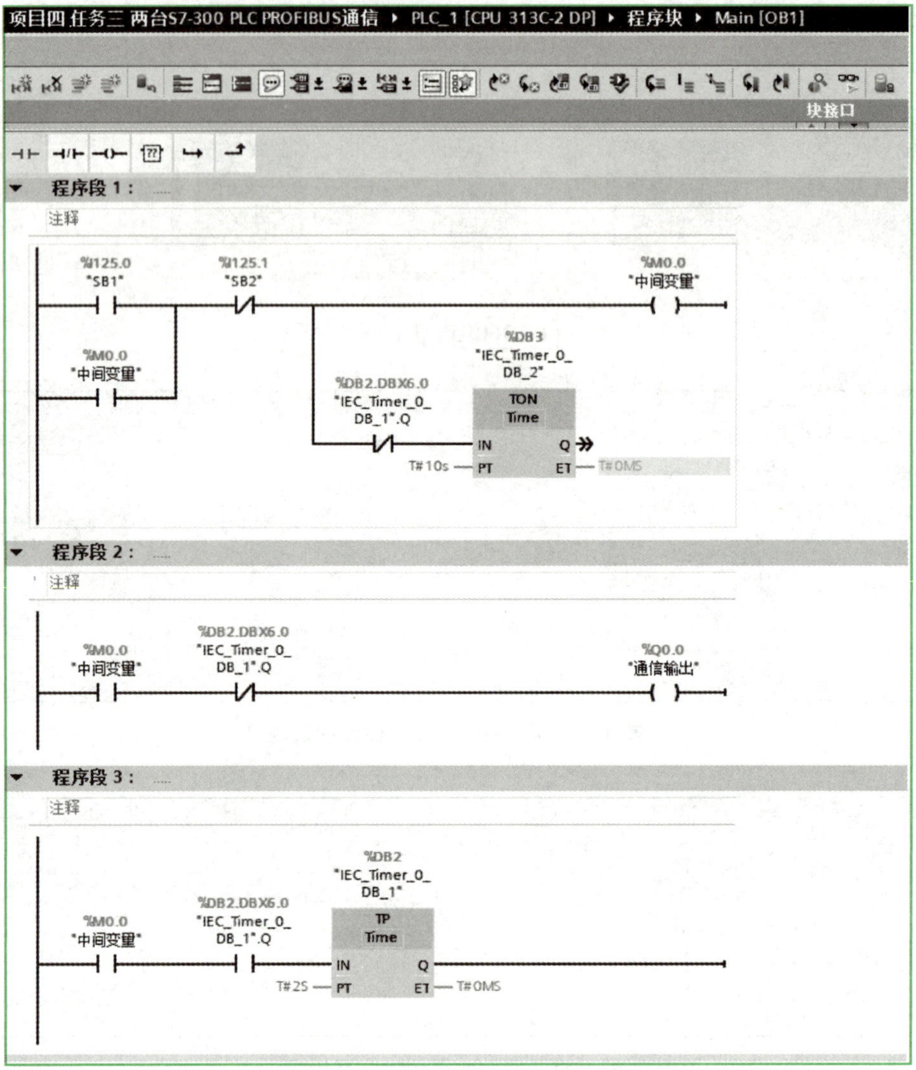

图 4-25 主站通信程序

为保证通信正常运行，可在主站、从站中分别创建 OB82（诊断中断）、OB86（机架故障或分布式 I/O 故障）、OB87（通信故障）及 OB122（I/O 访问错误）等组织块。当系统出现故障时，CPU 会进行相应的中断（寻找 OB）处理，如果找不到相应的 OB，系统将会停机，因此建立相应故障的 OB 块可以防止 CPU 停机。OB 块可以是空程序，也可以根据项目的具体使用情况编写执行程序。

任务评价

任务实施评价见表 4-10。

表 4-10　任务实施评价表

<table>
<tr><td colspan="2">____学年</td><td>工作形式：□个人　□小组分工　□小组</td><td colspan="2">评分</td><td rowspan="2">工作时间</td></tr>
<tr><td>任务</td><td>训练内容与分值</td><td>训练要求</td><td>学生自评</td><td>教师评分</td></tr>
<tr><td rowspan="6">两台 S7-300 PLC 的 PROFIBUS DP 通信</td><td>1. GSD 文件的作用和组成描述（20 分）</td><td>正确描述 GSD 文件的作用（10 分）
正确描述 GSD 文件的组成（10 分）</td><td></td><td></td><td></td></tr>
<tr><td>2. GSD 文件格式和使用方法认知（20 分）</td><td>正确认知 GSD 文件格式（10 分）
正确安装 GSD 文件（10 分）</td><td></td><td></td><td></td></tr>
<tr><td>3. 两台 S7-300 PLC PROFIBUS DP 通信系统的构建（30 分）</td><td>按照通信要求，正确设置主站通信参数，包括通信地址、通信速率（15 分）
按照通信要求，正确设置智能从站通信参数，包括通信地址、通信速率（15 分）</td><td></td><td></td><td></td></tr>
<tr><td>4. 两台 S7-300 PLC PROFIBUS DP 通信传输区域的设置（20 分）</td><td>按照通信要求，两台 S7-300 PLC PROFIBUS DP 通信传输区域包括主站地址和从站接收和发送数据的地址、单位和长度（20 分）</td><td></td><td></td><td></td></tr>
<tr><td>5. 职业素养与安全意识（10 分）</td><td>分工合作，配合紧密；遵守纪律，保持平台整洁（10 分）</td><td></td><td></td><td></td></tr>
<tr><td>总分：100 分</td><td>学生：　　　　教师：</td><td colspan="3">日期：</td></tr>
</table>

项目小结

通过本项目的学习，读者能够了解 PROFIBUS 现场总线的发展、特点及应用范围；熟悉 PROFIBUS 现场总线协议的结构及特点；掌握 PROFIBUS 现场总线的分类及应用场合；掌握简单 PROFIBUS 现场总线控制系统的设计及实现方法；能够根据项目任务要求构建 PROFIBUS 现场总线控制系统；能够根据控制要求，进行 PROFIBUS 控制系统的硬件配置及组态；能够根据控制要求，实现 S7 系列 PLC 与标准从站和智能从站的 PROFIBUS DP 通信。

思考与练习

1. 思考题

（1）阐述 PROFIBUS 现场总线的特点。

（2）PROFIBUS 传输技术有哪几种？它们各自有什么特点？

（3）PROFIBUS DP、PROFIBUS PA 各有什么特性？

（4）PROFIBUS DP 通信系统主要采用什么通信方式？其典型的组成结构有哪些？

（5）GSD 文件有什么作用？它包括哪几部分内容？如何获取和安装 GSD 文件？

（6）DP 主站与智能从站通信的传输区域采用什么区域变量？各有什么特性？

（7）简述使用 PROFIBUS DP 通信方式实现 S7-1500 PLC 与标准从站通信的步骤。

（8）简述使用 PROFIBUS DP 通信方式实现 S7-1500 PLC 与智能从站通信的步骤。

2. 操作题

（1）实现 S7-1500 PLC 与标准从站 ET 200SP 的 PROFIBUS DP 通信，完成硬件组态和通信参数配置。

（2）实现 S7-1500 PLC 与智能从站 S7-300 PLC 的 PROFIBUS DP 通信，完成硬件组态和通信参数配置。

（3）实现两台 S7-300 PLC 之间的 PROFIBUS DP 通信，完成硬件组态和通信参数配置。

项目 5

基于自由口的点对点通信

项目引入

串行通信是以二进制的位（bit）为单位的数据传输方式，每次只传送一位。串行通信最少只需要两根线就可以连接多台设备，组成控制网络，可用于传输距离较远的场合。串行通信主要用于连接调制解调器、扫描仪、条码阅读器等带有串行通信接口的设备。S7-1500 PLC 的串行通信除了使用 Modbus RTU 通信，还可以使用自由口协议的点对点（Point-to-Point，PtP）通信。S7-1500 PLC 的串行通信模块以及支持的通信协议见项目 3 的表 3-11。

本项目通过引入串行通信中的自由口通信协议在西门子 PLC 之间、西门子 PLC 与串口设备之间的应用案例，带领大家学习自由口通信协议相关知识和技术；了解西门子 PLC 自由口通信模块；掌握西门子 PLC 自由口通信指令及其用法；学会 PLC 与串口设备之间自由口通信系统的构建方法；能够根据控制要求，设置西门子 PLC 自由口通信参数，编写和调试自由口通信程序。

项目描述

本项目通过两个任务实现两台 S7-1500 PLC 的自由口通信、S7-1500 PLC 与串口设备的自由口通信。通过调试两个任务，熟悉 S7-1500 PLC 通信方式，掌握 S7-1500 PLC 自由口通信的通信参数设置、调试和自由口通信指令及其用法。本项目基于自由口的点对点通信，主要包括两台 S7-1500 PLC 的自由口通信、S7-1500 PLC 与串口设备的自由口通信两个任务。本项目系统介绍自由口通信协议的特点、信息帧结构，西门子 PLC 自由口通信指令及其用法，自由口通信系统的构建方法、通信程序设计方法。

项目目标

知识目标

1. 了解自由口通信协议的特点。
2. 熟悉自由口通信协议信息帧格式。
3. 掌握西门子 PLC 中自由口通信指令及其用法。

技能目标

1. 能根据控制要求，选择合适的通信方式。
2. 能根据控制要求，正确设置自由口通信指令和通信参数。
3. 能根据控制要求，正确编写和调试通信程序，实现控制任务。

素养目标

1. 通过项目任务学习，养成自主学习的习惯，树立技术报国的思想意识。
2. 通过项目任务分析，培养积极思考、举一反三地解决问题的能力。
3. 通过项目任务实施，培养团队协作能力，提升信息归纳、总结、提炼能力。

任务 5.1 两台 S7-1500 PLC 的自由口通信

任务描述

本任务是使用 S7-1500 PLC 自由口通信方式实现两台 PLC 之间的数据传送。控制要求：主站 PLC_1 接收到起动信号后，发送数据块 DB1 中的 10 字节数据通过自由口通信方式发送到从站 PLC_2 接收数据块 DB20 的 10 字节中；从站 PLC_2 接收到主站 PLC_1 发送的数据后，发送数据块 DB10 中的 10 字节信息通过自由口通信方式发送到主站 PLC_1 接收数据块 DB2 的 10 字节中。以后不停地重复上述过程。

完成本任务需要了解 S7-1500 PLC 自由口通信原理、自由口通信模块的组态方法和组态模块、自由口通信指令及其使用方法，能够进行两台 S7-1500 PLC 之间的自由口通信硬件组态、硬件接线，会使用自由口通信指令编写发送数据和接收数据的通信程序。

知识链接

5.1.1　自由口通信的定义

S7-1500 PLC 支持使用自由口协议的点对点（Point-to-Point，PtP）通信方式，可以通过用户程序定义和实现选择的协议。PtP 通信方式的自由度和灵活性较大，可以将信息直接发送到外部设备（如打印机），也可以接收外部设备（如条形码阅读器）的信息。

S7-1500 PLC 的点对点通信模块，可以在主机架或 ET200MP I/O 系统中使用，可以使用 3964（R）、Modbus RTU（仅高性能型）或 USS 协议，以及基于自由口的 ASCII 协议。点对点通信模块主要包括：CM PtP RS422/485 BA 基本型、CM PtP RS422/485 HF 高性能型、CM PtP RS232 BA 基本型和 CM PtP RS232 HF 高性能型。

5.1.2　自由口通信指令

自由口通信可以使用下列两种方法进行通信模块组态：

方法一：通信模块使用博途软件里面的设备视图组态接口参数，组态的参数将永久保存在 PLC CPU 中，即使 CPU 进入 STOP 模式，也不会丢失组态参数。

方法二：在用户程序中用下列指令来组态：Port_Config（用于组态 PtP 通信接口）、Send_Config（用于组态 PtP 发送数据属性）、Receive_Config（用于组态 PtP 接收数据属性）、P3964_Config（用于组态 3964 通信协议）、Receive_Reset（用于删除接收缓冲区）、Signal_Get（用于记录读取状态）。设置的参数仅在 CPU 处于 RUN 模式时有效，若切换到 STOP 模式或断电后又上电，则这些参数恢复为设备组态时设置的参数。

任务实施

微课视频

两台 S7-1500 PLC 的自由口通信

使用 SIMATIC TIA Portal V16 软件实现两台 S7-1500 PLC 的自由口通信任务。本任务采用西门子 PLC 自由口通信方式。S7-1500 PLC 的通信口支持 RS485 接口标准，采用两根信号线作为传输线路；采用串行半双工形式，在任意时刻只允许由一方发送数据、另一方接收数据。数据传输采用串行异步形式，传输的单位是字符。收发双方预先约定传输速率，在时钟的作用下传送字符中的每一位。传输速率可以进行相应的设置，但需要收发双方的传输速率设置保持一致。字符帧格式为 1 个起始位、7 或 8 个数据位、1 个奇 / 偶校验位或者无校验位、1 个停止位。

两台 S7-1500 PLC 的自由口通信主要分为两台 S7-1500 PLC 自由口通信硬件连接、两台 S7-1500 PLC 自由口通信硬件组态、两台 S7-1500 PLC 自由口通信程序编写和两台 S7-1500 PLC 自由口通信程序联调四个步骤。

1. 两台 S7-1500 PLC 自由口通信硬件连接

根据任务控制要求，本任务中，设备 PLC_1 和设备 PLC_2 的控制器均选择 CPU 1512C-1，通信模块均选择 CM PtP RS422/485 HF 自由口点对点通信模块。两台 S7-1500 PLC 通过双绞线电缆相连接，如图 5-1 所示。

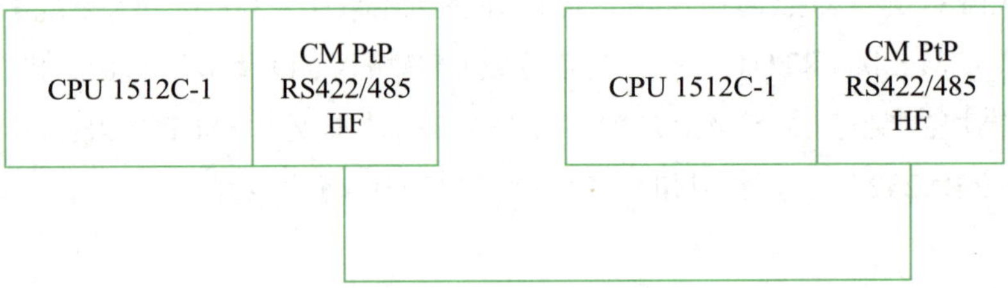

图 5-1　硬件配置及连接

2. 两台 S7-1500 PLC 自由口通信硬件组态

（1）创建工程项目。

双击桌面上的图标，打开博途编程软件，在 Portal 视图中选择“创建新项目”，输入项目名称“自由口通信”，选择项目保存路径，然后单击“创建”按钮完成工程项目创建。

（2）硬件组态。

在项目视图的项目树中双击“添加新设备”图标，添加名称为 PLC_1 的设备，型号为 CPU 1512C-1 PN，订货号为 6ES7 512-1CK01-0AB0。在该 PLC 后面添加点对点通信模块，型号为 CM PtP RS422/485 HF，订货号为 6ES7 541-1AB00-0AB0。按上述方法再次用鼠标双击“添加新设备”图标，添加名称为 PLC_2 的设备和点对点通信模块 CM PtP RS422/485 HF。分别启用 PLC_1 和 PLC_2 系统和时钟存储器 MB1 和 MB0，组态完成后分别对其进行保存和编辑。硬件组态如图 5-2 所示。

单击选中 PLC_1 的设备中的点对点通信模块，查看“属性”一栏，单击“RS422/485 接口”，选择自由口工作模式“半双工（RS485）2 线制操作”，接收线路的初始状态选择“无”，如图 5-3（a）所示；端口组态协议选择“自由口 / Modbus”，端口参数设置为“9600，偶校验，8 位，1”，即传输率 9600、偶校验、8 位数据位、1 位结束位，如图 5-3（b）所示。使用同样的方法设置 PLC_2 设备中的点对点通信模块，然后分别将硬件配置下载到 PLC 中。

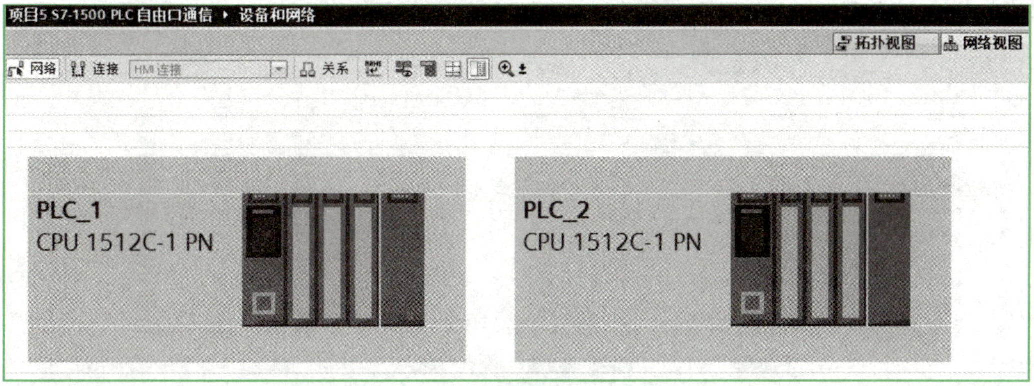

图 5-2　硬件组态

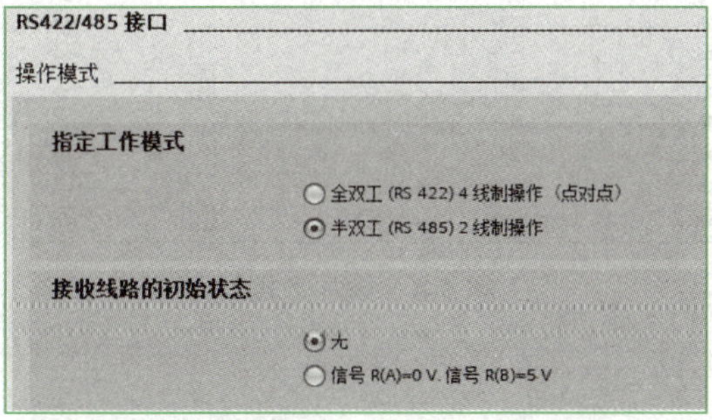

（a）工作模式与接收线路初始状态

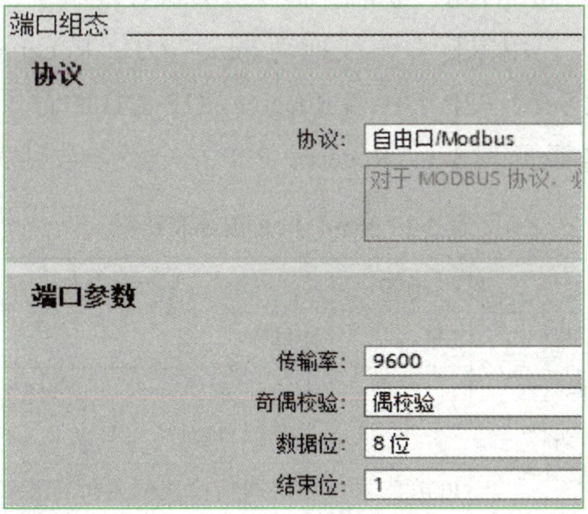

（b）端口协议与端口参数

图 5-3　通信模块参数设置

3. 两台 S7-1500 PLC 自由口通信程序编写

（1）添加数据块。

根据项目任务控制要求，在 PLC_1 和 PLC_2 设备的“程序块”中分别创建发送数据块和接收数据块，如图 5-4 所示，且数据块的属性设置中需要取消“优化的块访问”选项，即取消块的符号访问，改为绝对地址寻址，然后对设置窗口进行编译和保存。

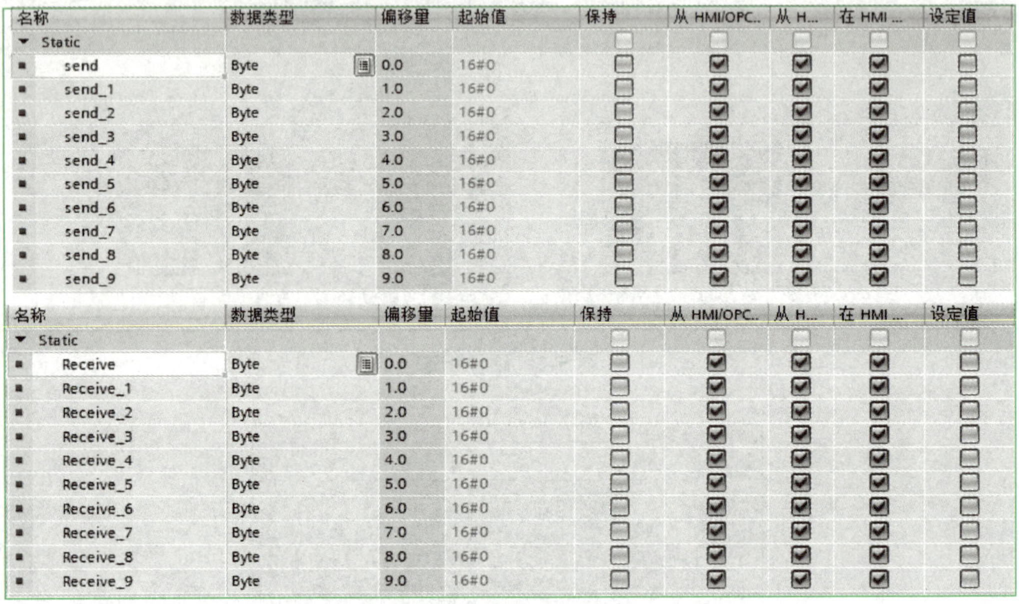

名称	数据类型	偏移量	起始值	保持	从 HMI/OPC..	从 H...	在 HMI ...	设定值
▼ Static				☐	☐	☐	☐	☐
send	Byte	0.0	16#0	☐	☑	☑	☑	☐
send_1	Byte	1.0	16#0	☐	☑	☑	☑	☐
send_2	Byte	2.0	16#0	☐	☑	☑	☑	☐
send_3	Byte	3.0	16#0	☐	☑	☑	☑	☐
send_4	Byte	4.0	16#0	☐	☑	☑	☑	☐
send_5	Byte	5.0	16#0	☐	☑	☑	☑	☐
send_6	Byte	6.0	16#0	☐	☑	☑	☑	☐
send_7	Byte	7.0	16#0	☐	☑	☑	☑	☐
send_8	Byte	8.0	16#0	☐	☑	☑	☑	☐
send_9	Byte	9.0	16#0	☐	☑	☑	☑	☐

名称	数据类型	偏移量	起始值	保持	从 HMI/OPC..	从 H...	在 HMI ...	设定值
▼ Static				☐	☐	☐	☐	☐
Receive	Byte	0.0	16#0	☐	☑	☑	☑	☐
Receive_1	Byte	1.0	16#0	☐	☑	☑	☑	☐
Receive_2	Byte	2.0	16#0	☐	☑	☑	☑	☐
Receive_3	Byte	3.0	16#0	☐	☑	☑	☑	☐
Receive_4	Byte	4.0	16#0	☐	☑	☑	☑	☐
Receive_5	Byte	5.0	16#0	☐	☑	☑	☑	☐
Receive_6	Byte	6.0	16#0	☐	☑	☑	☑	☐
Receive_7	Byte	7.0	16#0	☐	☑	☑	☑	☐
Receive_8	Byte	8.0	16#0	☐	☑	☑	☑	☐
Receive_9	Byte	9.0	16#0	☐	☑	☑	☑	☐

图 5-4　添加数据块

（2）编写通信程序。

分别在 PLC_10、PLC_20 Main[OB1] 中调用自由口通信指令。双击打开“Main[OB1]”编辑窗口，在右侧“通信”指令文件夹中，打开“通信处理器”→“PtP Communication”文件夹，用鼠标双击或拖动 Send_P2P、Receive_P2P 指令至某个程序段中，自动生成名称为 Send_P2P_DB 和 Receive_P2P_DB 的背景数据块。

Send_P2P 指令及参数见表 5-1，Receive_P2P 指令及参数见表 5-2。

表 5-1　Send_P2P 指令及参数

指令	参数	描述	数据类型
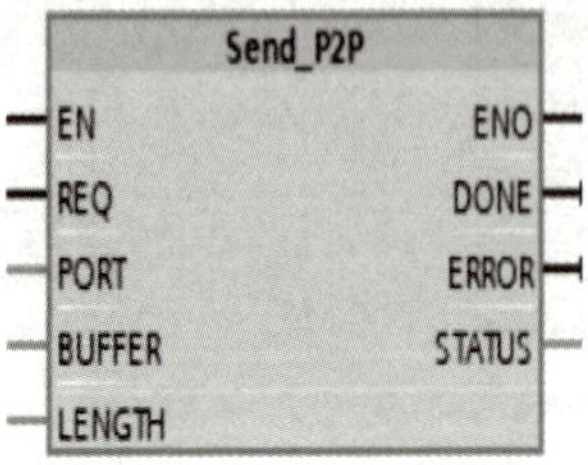	EN	使能	Bool
	REQ	发送请求，在每个信号的上升沿发送一个消息帧	Bool
	PORT	串口通信模块的硬件标识符	Word
	BUFFER	指定发送缓冲区	Word

续表

指令	参数	描述	数据类型
	LENGTH	发送缓冲区的长度（发送的消息帧中包含多少字节的数据）	Word
	DONE	状态参数，0 表示任务没有开始或正在运行，1 表示发送任务完成且无任何错误	Bool
	ERROR	状态参数，0 表示没有错误，1 表示处理过程中有错误	Bool
	STATUS	执行指令操作的状态	Word

表 5-2　Receive_P2P 指令及参数

指令	参数	描述	数据类型
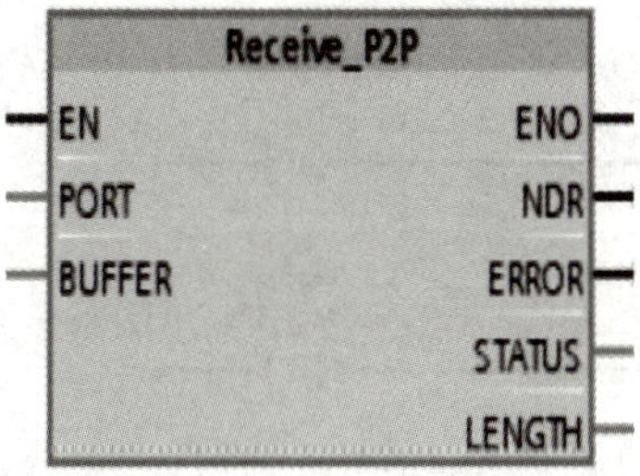	EN	接收请求，为“1”时，检测接收模块接收的消息。如果成功接收，则将接收的数据传送到 CPU 中	Bool
	PORT	串口通信模块的硬件标识符	Word
	BUFFER	指定接收数据存储区域	Word
	NDR	状态参数，0 表示任务没有开始或正在运行，1 表示已接收到数据且无任何错误	Bool
	ERROR	状态参数，0 表示没有错误，1 表示处理过程中有错误	Bool
	STATUS	执行指令操作的状态	Word
	LENGTH	发送缓冲区的长度（发送的消息帧中包含多少字节的数据）	Word

在点对点通信中，PLC_1 作为主站，PLC_2 作为从站。通信任务如下：在启动信号 M2.0 为“1”状态时，主站发送 10 字节的数据，从站接收到后，也发送 10 字节的数据给主站，以后不停地重复上述过程。

在点对点通信中，用 Send_P2P 指令发送报文，用 Receive_P2P 指令接收报文。该操作为异步方式，用户程序使用轮询方式确定发送和接收的状态。发送和接收指令可以同时执行，通信模块发送和接收报文的缓冲区最大为 1 024B。

发送指令和接收指令的输入参数 PORT 是通信接口标识符，为一个常数。通信接口标识符可以在 PLC 变量表的“系统常数”选项卡中查到，也可以在通信接口的属性对话框中查看。BUFFER 是发送缓冲区的起始地址，LENGTH 是发送缓冲区的长度，此处为 10 字节。

发送结束时，输出位 DONE 为“1”状态。指令执行出错时，输出位 ERROR 为“1”状态，错误代码保存在 STATUS 中。

接收完成时，Receive_P2P 的输出位 NDR 为“1”状态，LENGTH 中存放接收到的报文的字节数。

主站轮询程序如图 5-5 所示。

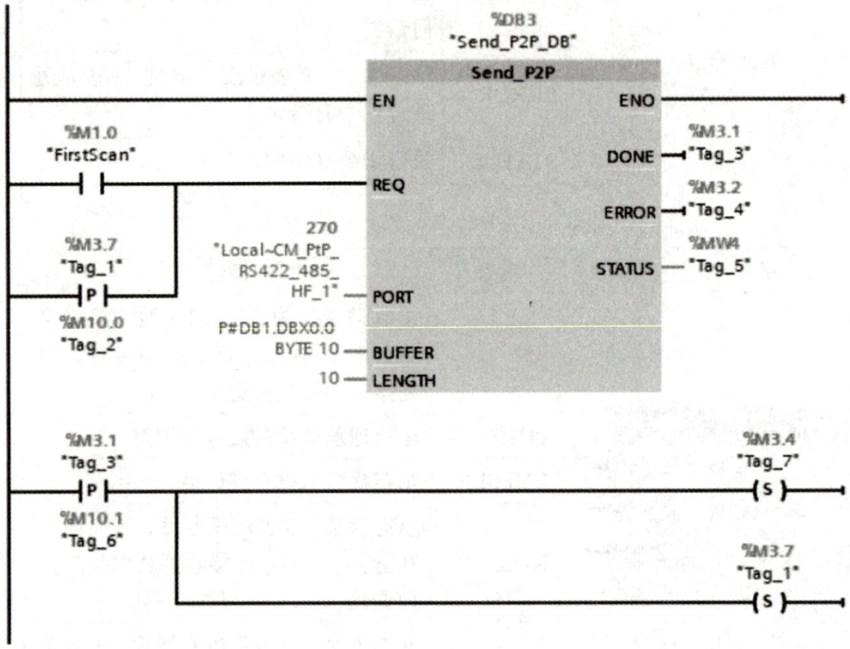

（a）主站发送指令

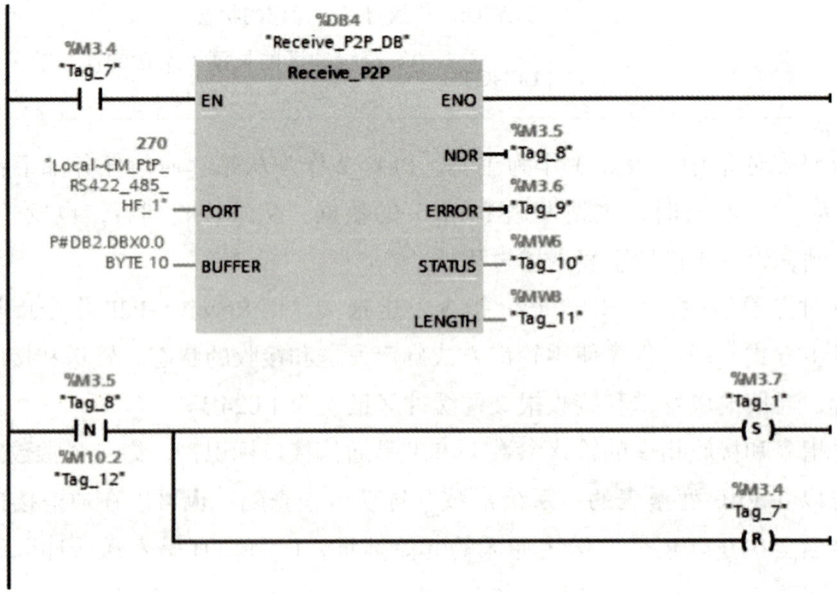

（b）主站接收指令

图 5-5　主站轮询程序

在 Send_P2P 指令的 REQ 信号 M1.0 的上升沿启动发送过程，发送 DB1 中的 10 字节数据。在多个扫描周期内继续执行 Send_P2P 指令完成报文的发送。

Send_P2P 的输出位 DONE M3.1 为“1”状态时，表示发送完成，同时将 M3.4 置位。用 M3.4 作为 Receive_P2P 的接收使能信号 EN 的实参反复执行 Receive_P2P 模块。接收到响应报文后，Receive_P2P 指令的输出位 NDR（M3.5）为“1”状态，表示已接收到数据。

在 M3.5 的下降沿，将 M3.7 置位，重新启动发送过程，返回第一步。同时将接收使能信号 M3.4 复位。在发送完成时，将 M3.7 复位。

从站轮询程序如图 5-6 所示。

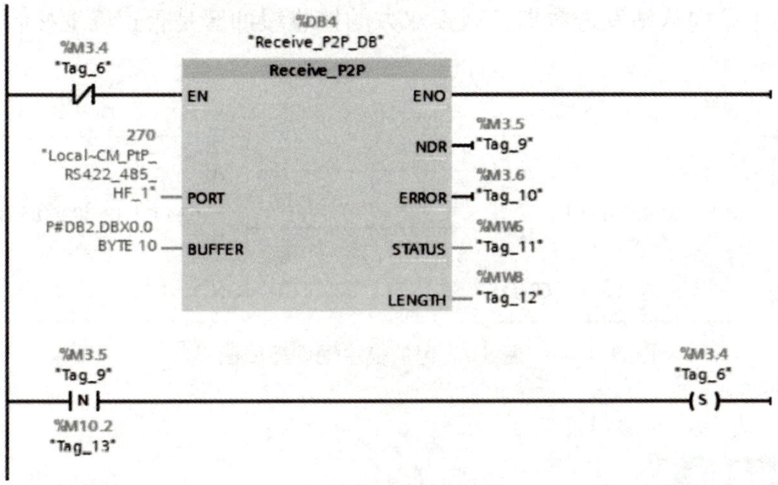

（a）从站接收指令

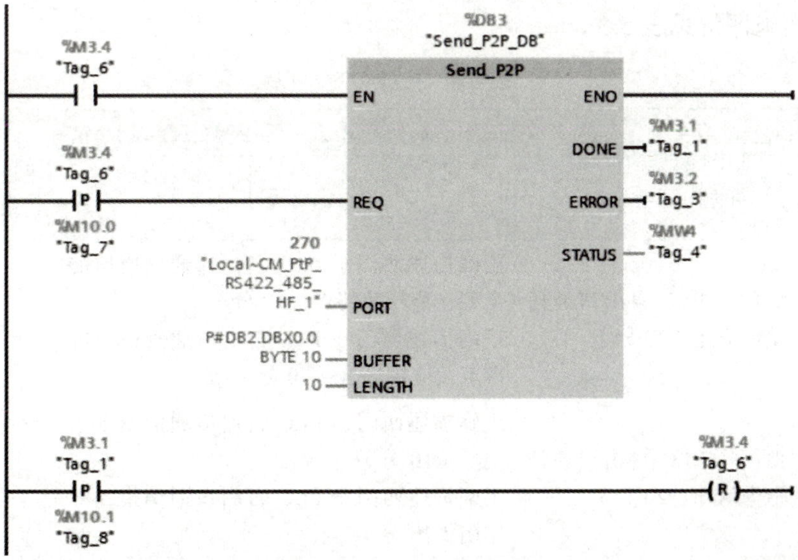

（b）从站发送指令

图 5-6　从站轮询程序

在 OB1 中调用 Receive_P2P 指令，开始时它的使能信号为“1”状态。

从站接收到请求报文后，Receive_P2P 指令的输出位 NDR M3.5 为“1”状态。在 M3.5 的下降沿，将 M3.4 置位，启动 Send_P2P 指令，将 DB 中的响应报文发送给主站。M3.4 的常闭触点断开，Receive_P2P 指令停止接收数据。

在响应报文发送完成时，Send_P2P 的输出位 DONE M3.1 变为“1”状态，将 M3.4 复位，停止发送报文。Receive_P2P 的输入端 EN 变为“1”状态，又开始准备接收主站发送的报文。

4. 两台 S7-1500 PLC 自由口通信程序联调

通信模块硬件接线如图 5-7 所示。用监控表将 M2.0 置为“1”状态后马上置为“0”状态，启动主站向从站发送数据，观察双方的接收缓冲区是否正确地接收到对方发来的数据。

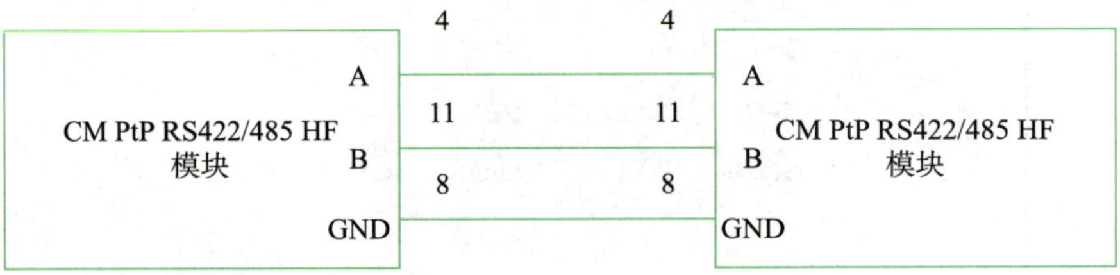

图 5-7　通信模块硬件接线图

任务评价

任务实施评价见表 5-3。

表 5-3　任务实施评价表

____学年		工作形式：□个人　□小组分工　□小组	评分		工作时间
任务	训练内容与分值	训练要求	学生自评	教师评分	
两台 S7-1500 PLC 的自由口通信	1. 西门子 PLC 自由口通信模块描述（20 分）	正确描述西门子 PLC 自由口通信模块的类型、型号及特点（10 分） 正确描述西门子 PLC 自由口通信模块的特点及应用场合（10 分）			
	2. 西门子 PLC 自由口通信指令认知（20 分）	正确描述西门子 PLC 自由口通信指令的类型（10 分） 正确描述西门子 PLC 自由口通信指令的作用（10 分）			

续表

____学年		工作形式：□个人　□小组分工　□小组	评分		工作时间
任务	训练内容与分值	训练要求	学生自评	教师评分	
	3. 两台 S7-1500 PLC 自由口通信系统的构建（30 分）	按照通信要求，正确进行 S7-1500 PLC 自由口通信硬件组态（15 分） 按照通信要求，正确设置 S7-1500 PLC 自由口通信指令（15 分）			
	4. 两台 S7-1500 PLC 自由口通信系统的调试（20 分）	按照通信要求，两台 S7-1500 PLC 通过自由口通信指令互相发送和接收信息（20 分）			
	5. 职业素养与安全意识（10 分）	分工合作，配合紧密；遵守纪律，保持平台整洁（10 分）			
	总分：100 分	学生：　　　　教师：　　　　日期：			

任务 5.2　S7-1500 PLC 与串口设备的自由口通信

任务描述

使用 S7-1500 PLC 自由口通信方式实现 S7-1500 PLC 与某串口模块通信。控制要求：S7-1500 PLC 通过 CM PtP RS422/485 HF 模块与某串口模块进行 RS485 通信，读取其从地址 50 开始的 5 个数据，如图 5-8 所示。

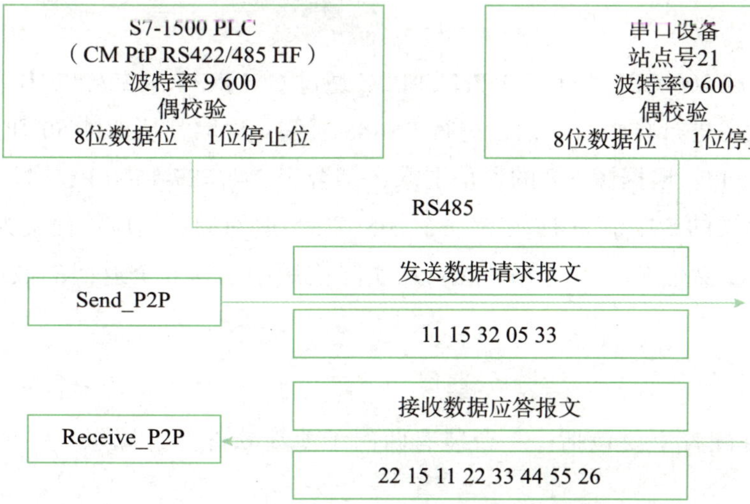

图 5-8　S7-1500 PLC 自由口通信要求示意图

知识链接

大多数串行通信的应用都是基于自由口协议的，例如与仪表、变频器、条形码扫描仪等设备的通信。通常将这些设备作为数据的服务器，由设备方提供自由口通信的报文格式，因此需要知道该报文格式。例如，在 PLC 从一个串口仪表读取测量数据的应用中，串口仪表通常是被动发送数据，即接收到数据请求报文后返回数据报文。数据请求报文与返回的数据应答报文的信息帧格式见表 5-4。异或运算是实现奇偶校验的基本运算，异或校验码是将报文中其余数据全部进行异或运算而得出的。

表 5-4　自由口通信协议数据请求报文与返回的数据应答报文的信息帧格式

<table>
<tr><td rowspan="6">数据请求报文</td><td>报文格式</td><td>数据请求</td><td>站点号</td><td>数据开始地址</td><td>数据长度</td><td>异或校验码</td></tr>
<tr><td rowspan="5">报文解释</td><td colspan="2">数据请求</td><td colspan="3">1 字节，11（HEX）为读请求标识</td></tr>
<tr><td colspan="2">站点号</td><td colspan="3">1 字节，1~200（HEX）</td></tr>
<tr><td colspan="2">数据开始地址</td><td colspan="3">1 字节，1~80（HEX）</td></tr>
<tr><td colspan="2">数据长度</td><td colspan="3">1 字节，1~80（HEX）</td></tr>
<tr><td colspan="2">异或校验码</td><td colspan="3">1 字节，字节校验（HEX）</td></tr>
<tr><td rowspan="5">数据应答报文</td><td>报文格式</td><td>数据请求</td><td>站点号</td><td>返回的数据</td><td colspan="2">异或校验码</td></tr>
<tr><td rowspan="4">报文解释</td><td colspan="2">数据请求</td><td colspan="3">1 字节，22（HEX）为读请求的应答标识</td></tr>
<tr><td colspan="2">站点号</td><td colspan="3">1 字节，1~200（HEX）</td></tr>
<tr><td colspan="2">返回的数据</td><td colspan="3">每个数据占用 1 字节（HEX）</td></tr>
<tr><td colspan="2">异或校验码</td><td colspan="3">1 字节，字节校验（HEX）</td></tr>
</table>

任务实施

1. 控制要求

一台型号为 S7-1500 CPU 1512C-1 PN 的 PLC 通过 CM PtP RS422/485 HF 点对点通信模块与某串口设备进行自由口通信，进行 RS485 通信，读取其从地址 50 开始的 5 个数据（即地址 50~54）。根据图 5-8 的通信要求，结合表 5-4，S7-1500 PLC 发送到串口设备的数据请求报文的 5 字节为 11、15、32、05、33。返回的数据应答报文为 8 字节，分别为 22、15、11、22、33、44、55、26。在实际应用中，这 8 个返回的数据可能会实时变化。

2. 硬件配置

该任务的硬件配置主要包括：一台装有西门子博途软件的计算机、一个 S7-1500

PLC、1 个 CM PtP RS422/485 HF 点对点通信模块、1 个带 RS485 通信接口的串口设备。系统选用 S7-1500 CPU 1512C-1 PN 的 PLC 1 个、CM PtP RS422/485 HF 点对点通信模块 1 个。

3. 实施步骤

（1）新建工程。

打开西门子博途软件，创建新项目，修改项目名称为“S7-1500 PLC 与串口设备的自由口通信”。

（2）添加设备。

打开项目视图，添加 PLC 和点对点通信模块。该项目中，PLC 型号为 CPU 1512C-1PN，订货号为 6ES7 512-1CK01-0AB0。通信模块均为 CM PtP RS422/485 HF，订货号为 6ES7 541-1AB00-0AB0。为了后续编写程序方便，启用两台 PLC 的系统存储器字节和时钟存储器字节。

（3）设置通信模块参数。

实现 S7-1500 PLC 自由口通信首先需要对通信模块进行参数设置，再编写通信程序，其主要参数如图 5-9、图 5-10 所示。首先是“操作模式”选择“半双工（RS485）2 线制操作”，与实际硬件接线吻合。其次，在“端口组态”中，协议选择“自由口 / Modbus”，项目 3 中 Modbus RTU 通信也是基于自由口通信而开发的一种通信协议。因此如果使用 Modbus 协议，则需要在程序中使用相关指令进行 Modbus 组态；如果使用普通的自由口协议，则程序中使用点对点通信指令而不使用 Modbus 相关指令。

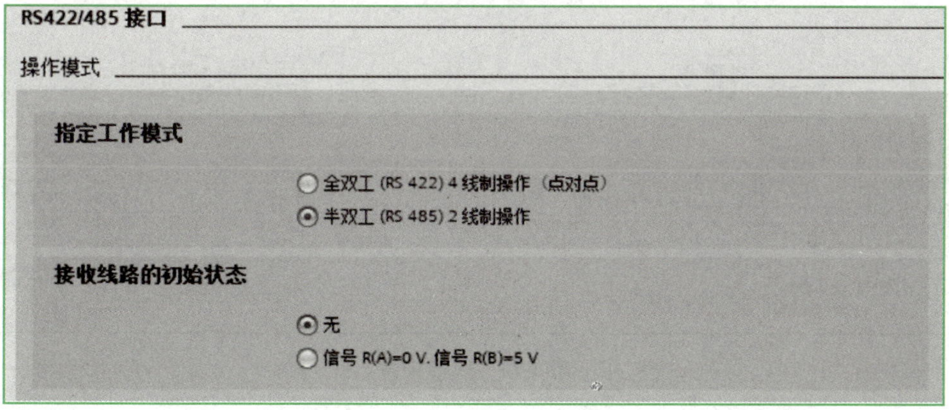

图 5-9 “操作模式”界面设置

对于“端口参数”的设置，根据任务要求，“传输率”设为 9 600bps，“奇偶校验”设为偶校验，“数据位”设为 8 位，“结束位”即“停止位”设为 1 位。其他参数可以采用默认值。在实际应用中，“端口参数”的设置可以根据连接的串口设备的要求进行调整。

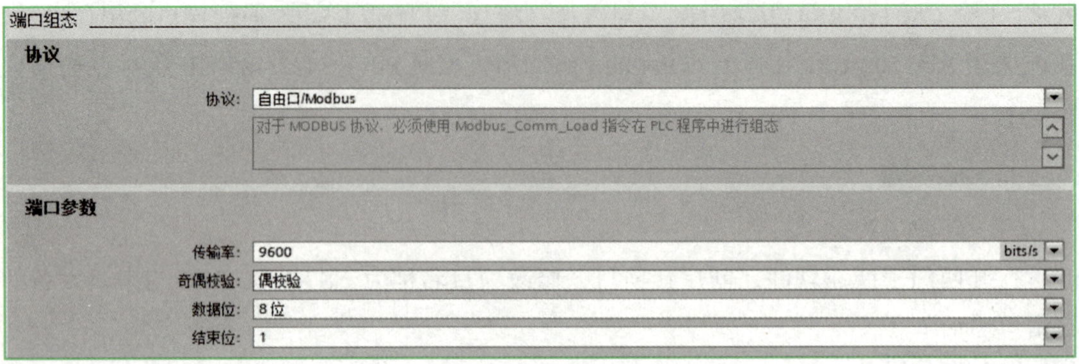

图 5-10　“端口组态”界面设置

（4）编写通信程序。

通信程序如图 5-11 所示。其中，数据请求使用指令 Send_P2P，接收应答使用指令 Receive_P2P，指令位置：“指令”→“通信”→“通信处理器”→“PtP Communication”。使用系统时钟“Clock_1Hz”作为发送请求信号，即每隔 1s 发送一次请求信号。

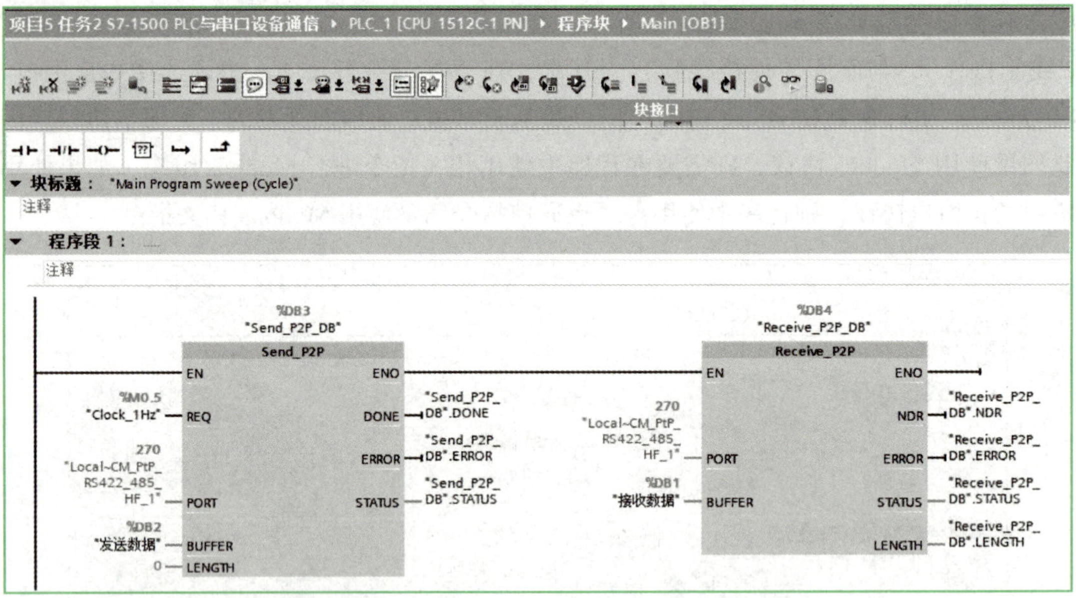

图 5-11　通信程序

任务评价

任务实施评价见表 5-5。

表 5-5　任务实施评价表

____学年		工作形式：□个人　□小组分工　□小组	评分		工作时间
任务	训练内容与分值	训练要求	学生自评	教师评分	
S7-1500 PLC 与串口设备的自由口通信	1. 西门子 PLC 自由口通信模块描述（20 分）	正确描述西门子 PLC 自由口通信模块的类型、型号及特点（10 分） 正确描述西门子 PLC 自由口通信模块的特点及应用场合（10 分）			
	2. 西门子 PLC 自由口通信指令认知（20 分）	正确描述西门子 PLC 自由口通信指令的类型（10 分） 正确描述西门子 PLC 自由口通信指令的作用（10 分）			
	3. S7-1500 PLC 与串口设备通信系统的构建（30 分）	按照通信要求，正确设置 S7-1500 PLC 自由口通信参数（15 分） 按照通信要求，正确设置 S7-1500 PLC 自由口通信指令（15 分）			
	4. S7-1500 PLC 与串口设备通信系统的调试（20 分）	按照通信要求，S7-1500 PLC 向串口设备发送读取报文、接收串口设备应答报文（20 分）			
	5. 职业素养与安全意识（10 分）	分工合作，配合紧密；遵守纪律，保持平台整洁（10 分）			
	总分：100 分	学生：　　　　教师：　　　　日期：			

项目小结

通过本项目的学习，读者能够了解自由口通信协议的特点；熟悉自由口通信协议的信息帧格式；掌握西门子 PLC 中自由口通信指令及其用法；能够根据项目任务要求构建自由口通信系统；能根据控制要求，进行自由口通信硬件配置及组态。

思考与练习

1. 思考题

（1）自由口通信属于哪种数据传输方式？

（2）西门子通信模块中支持自由口通信的模块有哪些？

（3）简述自由口通信协议的信息帧格式组成。

（4）西门子 PLC 中实现自由口通信的指令有哪些？它们分别起什么作用？

2. 操作题

（1）实现两台 S7-1500 PLC 的自由口通信，完成硬件组态和通信参数配置。

（2）实现一台 S7-1500 PLC 与串口设备的自由口通信，完成硬件组态和通信参数配置。

项目 6

工业以太网及其应用

项目引入

通信，是指人与人或人与自然之间通过某种行为或媒介进行的信息交流与传递，从广义上讲是指信息交流与传递的双方或多方在不违背各自意愿的情况下采用任意方法、任意媒介，将信息从某一方准确、安全地传送到另一方。工业通信是指在工业生产现场，现场设备之间、现场设备与控制装置之间的信息交流与传递，其目的是提供从现场到控制层的可靠数据传输。

西门子 PLC 作为常用的工业控制品牌，其支持的工业通信技术也较多，主要包括串口通信、以太网通信及 OPC 通信。西门子 S7-200 和 S7-200 Smart 中直接集成串口通信，但在从 S7-1200 到 S7-1500 系列中，需要通过扩展模块的方式来实现。西门子 PLC 常用的串口通信方案主要包括点对点通信、Modbus RTU 通信和 PROFIBUS 通信。以太网通信作为西门子 PLC 的主要通信方式，主要支持 S7 通信协议和 PROFINET 总线。S7 通信协议基本上从 S7-200 到 S7-1500 均可以实现。支持 PROFINET 的西门子系列 PLC 主要包括 S7-300、S7-400、S7-1200、S7-1500 等型号。其中，S7-300、S7-400 部分型号 PLC 模块自带接口，部分型号需要通过扩展模块来实现，而 S7-1200、S7-1500 全部型号都带接口。

项目描述

本项目通过两个任务实现 S7-1500 PLC 的 S7 通信、开放式以太网通信。通过调试两个任务，熟悉 S7-1500 PLC 通信方式，掌握 S7-1500 PLC 的 S7 通信和开放式以太网通信的通信参数设置、调试及通信指令的应用。

项目目标

知识目标

1. 了解 S7-1500 PLC 通信方式及原理。
2. 熟悉 S7-1500 PLC 不同通信方式下通信参数的设置方法。
3. 掌握 S7-1500 PLC 常用的通信指令。
4. 掌握 S7 通信指令：GET、PUT。
5. 掌握西门子以太网通信指令：TSEND_C、TRCV_C。

技能目标

1. 能根据控制要求，选择合适的通信方式。
2. 能根据控制要求，正确设置通信指令和通信参数。
3. 能根据控制要求，正确选用通信指令实现多台西门子 PLC 通信。
4. 能根据控制要求，正确编写和调试通信程序，实现控制任务。

素养目标

1. 通过项目学习，养成自主学习的习惯，培养认真细致的工作态度。
2. 通过任务实施，培养积极思考、举一反三地解决问题的能力。
3. 通过任务实施，增强个人责任感，培养团队协作能力。
4. 通过 PLC 通信程序的编写、通信参数的设置，培养职业规范和职业素养。
5. 通过 PLC 通信程序的调试和运行，树立精益求精的工匠精神。

任务 6.1　五台 S7-1500 PLC 的 S7 通信

任务描述

使用西门子公司的 S7 通信，设计一个通信程序，实现柔性制造系统（Flexible Manufacturing System，FMS）供料单元、加工单元、转运单元、检测单元及分拣单元之间的通信，实现 FMS 的联控运行。具体控制要求如下：

（1）供料单元 S7-1500 PLC 将通信发送数据区 DB 中的 1 字节发送到加工单元 S7-1500 PLC 的通信接收数据区 DB 中。供料单元 S7-1500 PLC 读取加工单元 S7-1500 PLC 的通信发送数据区 DB 中的内容，并将其转存到供料单元 S7-1500 PLC 的通信接收数据区 DB 中。

（2）加工单元 S7-1500 PLC 将通信发送数据区 DB 中的 1 字节发送到转运单元 S7-1500 PLC 的通信接收数据区 DB 中。加工单元 S7-1500 PLC 读取转运单元 S7-1500 PLC 的通信发送数据区 DB 中的内容，并将其转存到加工单元 S7-1500 PLC 的通信接收数据区 DB 中。

（3）转运单元 S7-1500 PLC 将通信发送数据区 DB 中的 1 字节发送到检测单元 S7-1500 PLC 的通信接收数据区 DB 中。转运单元 S7-1500 PLC 读取检测单元 S7-1500 PLC 的通信发送数据区 DB 中的内容，并将其转存到转运单元 S7-1500 PLC 的通信接收数据区 DB 中。

（4）检测单元 S7-1500 PLC 将通信发送数据区 DB 中的 1 字节发送到分拣单元 S7-1500 PLC 的通信接收数据区 DB 中。检测单元 S7-1500 PLC 读取分拣单元 S7-1500 PLC 的通信发送数据区 DB 中的内容，并将其转存到检测单元 S7-1500 PLC 的通信接收数据区 DB 中。

本任务通过 PROFINET 来进行 S7-1500 PLC 的通信实验，采用西门子公司的 S7 通信协议。

S7 通信协议是西门子 S7 系列产品之间通信使用的标准协议，其优点是通信双方无论是在同一个 MPI 网络、PROFIBUS 网络还是在 PROFIENT 工业以太网中，都可通过 S7 通信协议建立通信连接，使用相同的编程方式进行数据交换，而与使用何种总线或网络无关。S7 通信按组态方式可分为单边通信和双边通信。单边通信通常应用于以下情况：

- 通信伙伴无法组态 S7 连接；

- 通信伙伴不允许停机；
- 不希望在通信伙伴侧增加通信组态和程序。

将两台 S7-1500 PLC 通过网络互联，并互相读取数据。在进行实验的时候，可以将任意两台 S7-1500 PLC 基础编程实训系统中的 PLC 互联进行编程。

知识链接

6.1.1 S7 通信协议

S7 通信协议是西门子 S7 系列 PLC 内部集成的一种通信协议，是 S7 系列 PLC 的精髓所在。它是一种运行在传输层之上的（会话层 / 表示层 / 应用层）、经过特殊优化的通信协议，其信息传输可以基于 MPI 网络、PROFIBUS 网络或以太网。

S7 通信协议的参考模型见表 6-1。

表 6-1 S7 通信协议的参考模型

层	OSI 参考模型	S7 协议
7	应用层	S7 通信
6	表示层	S7 通信
5	会话层	S7 通信
4	传输层	ISO-on-TCP（RFC1006）
3	网络层	IP
2	数据链路层	以太网 /FDL/MPI
1	物理层	以太网 /RS485/MPI

6.1.2 S7 通信方式

S7 通信支持两种方式：

（1）基于客户端（Client）/ 服务器（Server）的单边通信。

客户端 / 服务器模式是最常见的通信方式，也称作 S7 单边通信。在该模式中，只需要在客户端一侧进行配置和编程；服务器一侧只需要准备好需要被访问的数据，不需要任何编程，因为服务器的服务功能是硬件提供的，不需要用户软件的任何设置。

客户端是 S7 通信中的一个角色，它是资源的索取者；服务器则是资源的提供者。服务器通常是 S7 系列 PLC 的 CPU，它的资源就是其内部的变量 / 数据等。客户端通过

S7 通信协议，对服务器的数据进行读取或写入操作。

常见的客户端包括：人机界面（HMI）、编程电脑等。当两台 S7 系列 PLC 进行 S7 通信时，可以将一台 PLC 设置为客户端，将另一台 PLC 设置为服务器。

客户端 / 服务器模式的数据流动是单向的，只有客户端能操作服务器数据，而服务器不能对客户端的数据进行操作。

单边通信调用模块 GET/PUT 用于客户端 / 服务器的通信方式，程序只需要在客户端 PLC 中编写。

（2）基于伙伴（Partner）/ 伙伴（Partner）的双边通信。

如果需要双向的数据操作，则需要使用伙伴 / 伙伴通信模式。

伙伴 / 伙伴通信模式也称为 S7 双边通信，还称为客户端 / 客户端模式。在该通信方式下，通信双方需要进行配置和编程。通信需要先建立连接，主动请求建立连接的是主动伙伴，被动等待建立连接的是被动伙伴；当通信建立后，通信双方都可以发送和接收数据。双边通信调用模块 BSEND/BRCV 用于伙伴 / 伙伴的通信方式，通信的双方均需要编写通信程序。

任务实施

微课视频

五台 S7-1500 PLC 的 S7 通信硬件组态和网络组态

微课视频

五台 S7-1500 PLC 的 S7 通信添加触摸屏

微课视频

五台 S7-1500 PLC 的 S7 通信设置

本任务是使用 SIMATIC TIA Portal V16 软件实现五台 S7-1500 PLC 的 S7 通信。本任务采用 S7 单边通信方式。供料单元与加工单元通信，供料单元作为客户端，加工单元作为服务器；加工单元与转运单元通信，加工单元作为客户端，转运单元作为服务器；转运单元与检测单元通信，转运单元作为客户端，检测单元作为服务器；检测单元与分拣单元通信，检测单元作为客户端，分拣单元作为服务器。因此，根据 S7 单边通信的原则，只需要在供料单元、加工单元、转运单元、检测单元的 S7-1500 PLC 中使用 PUT/GET 指令进行数据发送和接收，分拣单元 S7-1500 PLC 作为服务器只需要提供好数据并等待检测单元 S7-1500 PLC 接收即可。

FMS 中五台 S7-1500 PLC 的 S7 通信主要分为下列组态步骤：

（1）五台 S7-1500 PLC S7 通信网络连接；

（2）五台 S7-1500 PLC S7 通信硬件组态和网络组态；

（3）五台 S7-1500 PLC S7 通信程序编写；

（4）五台 S7-1500 PLC S7 通信程序联调。

1. 五台 S7-1500 PLC S7 通信网络连接

S7-1500 PLC 的 PROFINET 接口有两种网络连接方法：直接连接和网络连接。当一台 S7-1500 PLC 与一台编程设备、一个 HMI、一台 PLC 通信时，即只有两台设备通信时，采用直接连接，实现直接通信，不需要使用交换机，用网线直接连接两台设备即可。当多个通信设备进行通信时，即通信设备为两个以上时，采用网络连接，需要使用以太网交换机实现。本项目采用五口交换机连接五台 S7-1500 PLC，实现网络连接，如图 6-1 所示。

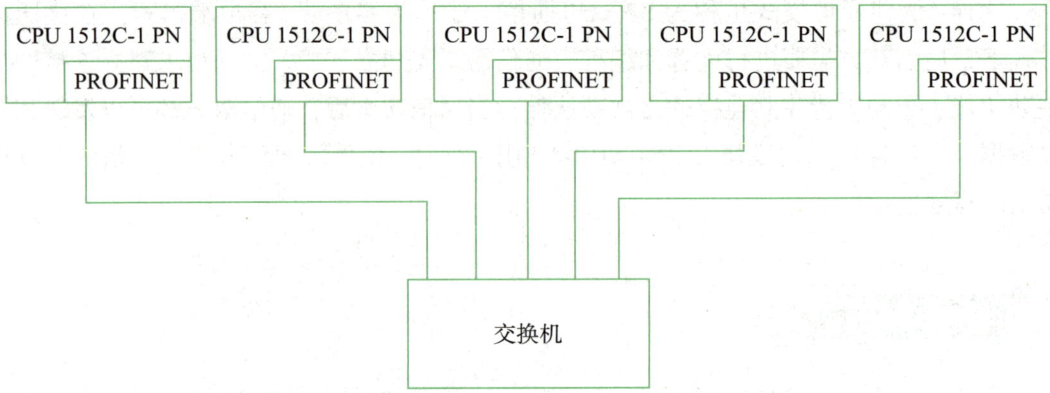

图 6-1　通信网络接线图

2. 五台 S7-1500 PLC S7 通信硬件组态和网络组态

（1）PLC 硬件组态。

打开 SIMATIC TIA Portal V16 软件，创建一个名称为 FMS_PROGRAM 的项目，添加一个型号为 CPU 1512C-1 PN 的 PLC ，订货号为 6ES7 512-1CK01-0AB0，命名为 PLC_10，此为供料单元 PLC，如图 6-2 所示。

打开设备视图，选中 PLC，在“属性”→“常规”→“以太网地址”中修改 IP 地址为“192.168.0.10”，添加新子网“PN/IE_1”，如图 6-3 所示。添加新子网，也可右击 CPU 右下方绿色的小方框，在弹出的菜单中单击“添加子网”，生成一条“PN/IE_1”子网。在“防护与安全”→“连接机制”中，勾选“允许来自远程对象的 PUT/GET 通信访问”，如图 6-4 所示。同时启用 CPU 中的时钟存储器字节 MB0，如图 6-5 所示。此为供料单元 PLC。

图 6-2　添加一台 PLC 设备

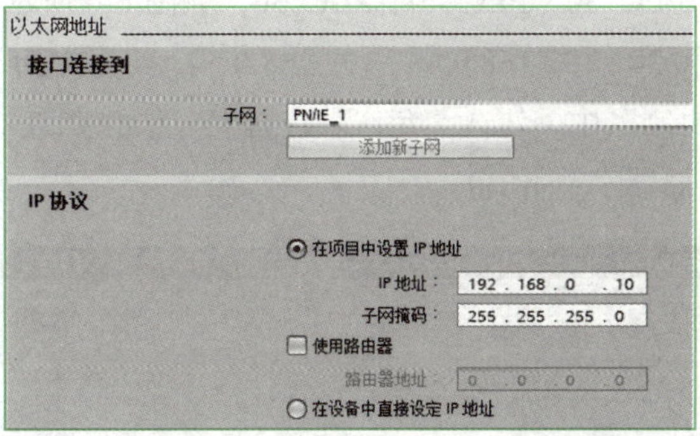

图 6-3　修改 PLC IP 地址，添加子网

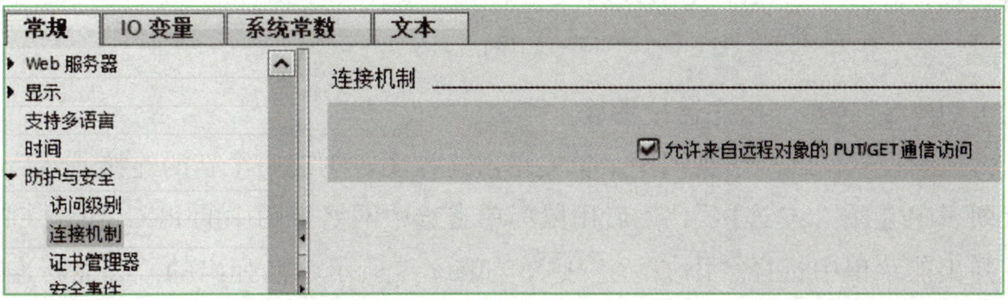

图 6-4　连接机制设置

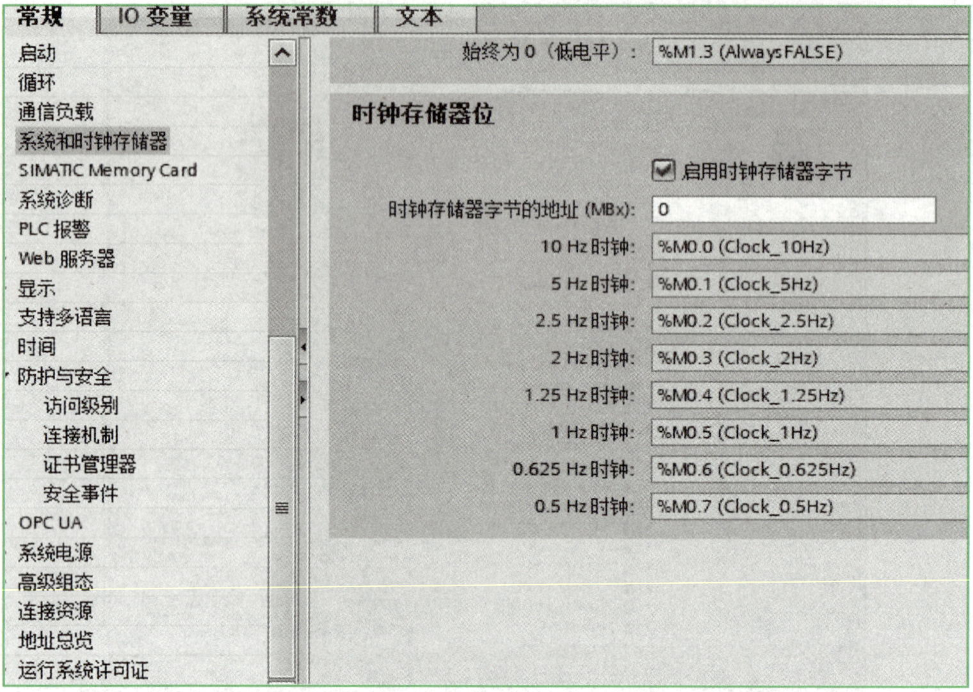

图 6-5　启用 CPU 中的时钟存储器字节

使用同样的方式添加加工单元、转运单元、检测单元、分拣单元 PLC，分别修改 PLC 名称为 PLC_20、PLC_30、PLC_40、PLC_50，如图 6-6 所示，分别修改 IP 地址为 192.168.0.20、192.168.0.30、192.168.0.40、192.168.0.50，均添加新子网 PN/IE_1。在“防护与安全”→“连接机制”中，勾选“允许来自远程对象的 PUT/GET 通信访问”。同时启用 CPU 中的时钟存储器字节 MB0。

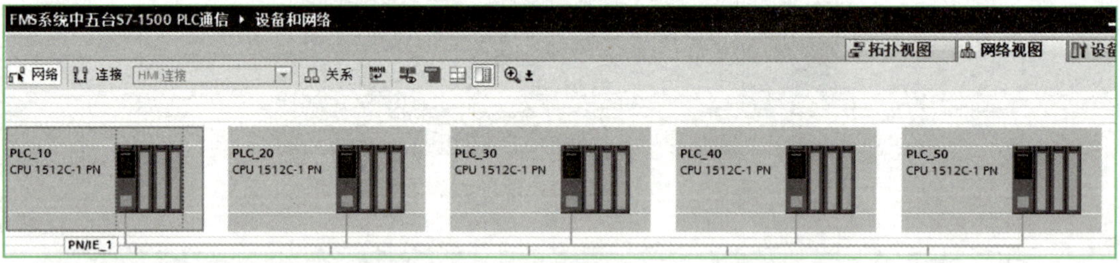

图 6-6　同一子网下的五台 S7-1500 PLC

（2）创建 S7 连接，组态连接参数。

在博途编程软件的网络视图中，首先单击连接图表创建一个新的连接，然后在其右边连接列表中选择“S7 连接”，最后用鼠标单击选中网络视图中的 PLC_10 的 CPU，右击，在弹出的菜单中选择“添加新连接”，如图 6-7 所示。在弹出的“添加新连接”对话框中，选择 PLC_20 为 PLC_10 的伙伴接口，如图 6-8 所示。同时，在弹出的“添加新连接”对话框中将连接类型选择为“S7 连接”，在左边选择 PLC_20，指定本地 ID 为“101”，勾选“主动建立连接”，如图 6-9 所示，然后单击“添加”按钮，添加新连接，再单击“关闭”按钮，关闭创建新连接的对话框。此时，PLC_10 与 PLC_20 之间的连接“S7_ 连接 _1”已经建立，如图 6-10 所示。在博途编程软件的网络视图中，选中“S7_ 连接 _1”，单击“属性”里的“常规”选项，可查看该连接名称，如图 6-11 所示，可以看到“本地”与“伙伴”的“站点”、“接口”、“接口类型”、“子网”及“地址”信息；单击“属性”里的“本地 ID”选项，可查看“本地 ID（十六进制）”信息，如图 6-12 所示；单击“属性”里的“特殊连接属性”选项，勾选“主动建立连接”，如图 6-13 所示；单击“属性”里的“地址详细信息”，可以看到“本地”与“伙伴”的“站点”、“机架 / 插槽”、“TSAP”及“子网 ID”等信息，如图 6-14 所示。此为供料单元 PLC 与加工单元 PLC 之间建立的 S7 连接。

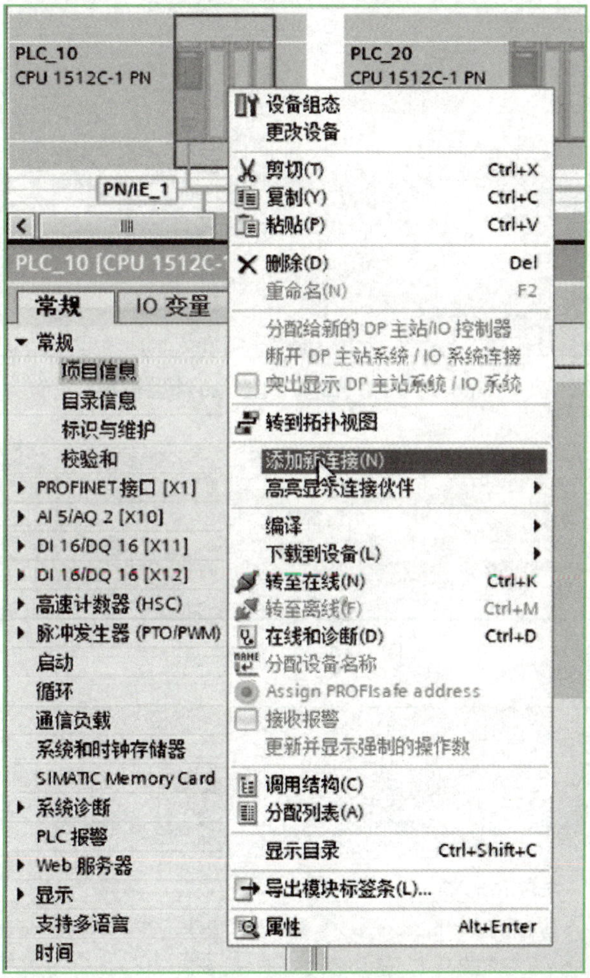

图 6-7　创建 S7 连接

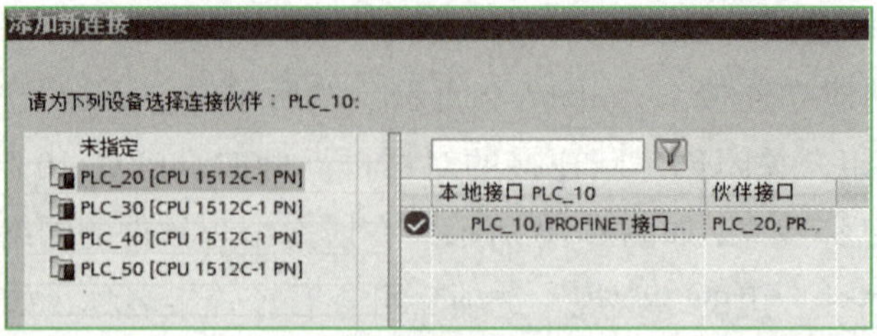

图 6-8 添加新连接

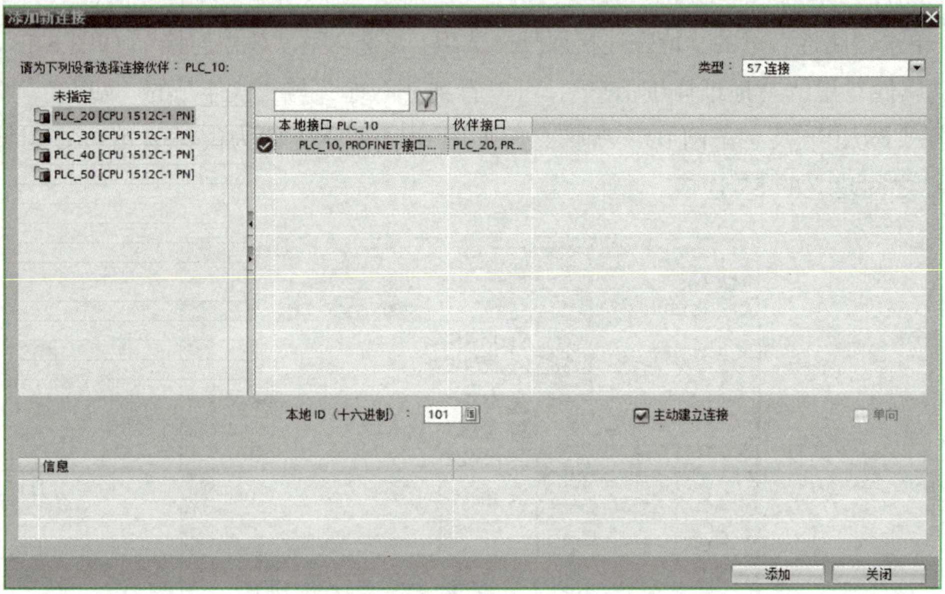

图 6-9 PLC_10 与 PLC_20 建立连接

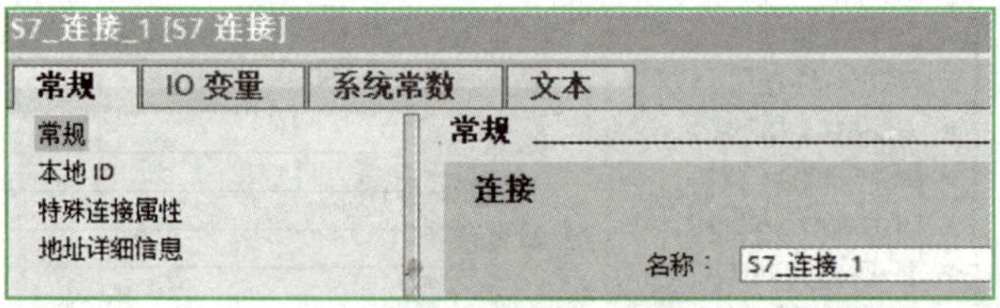

图 6-10 S7_连接_1

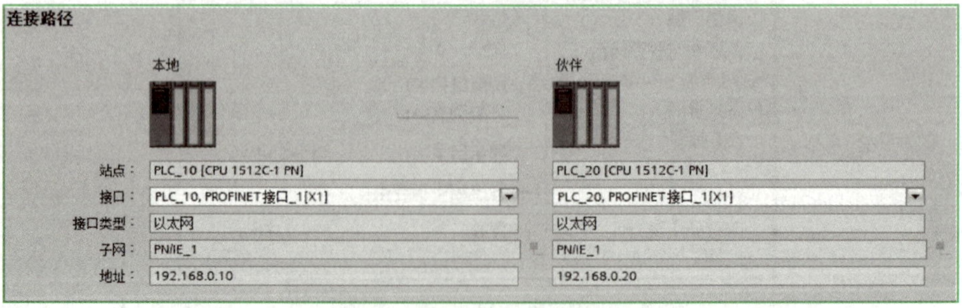

图 6-11 “本地”与“伙伴”信息

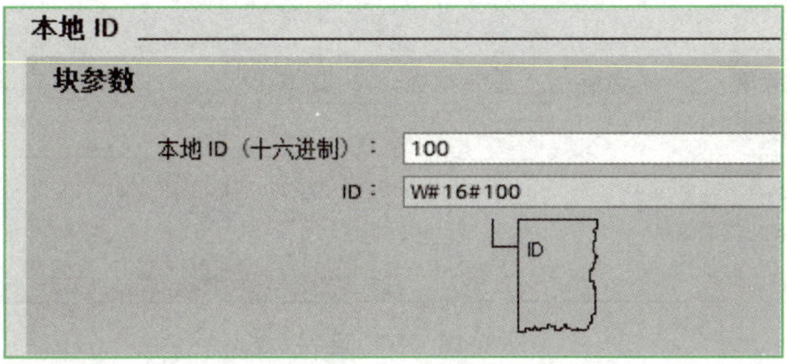

图 6-12　本地 ID

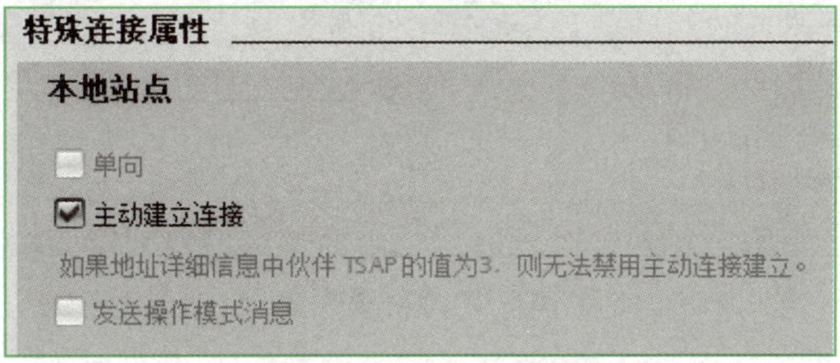

图 6-13　特殊连接属性

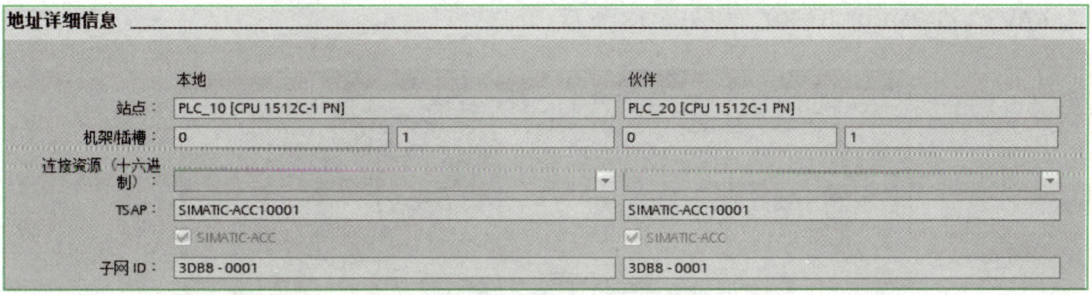

图 6-14　地址详细信息

采用同样的方式建立加工单元与转运单元（PLC_20 与 PLC_30）之间的 S7 连接“S7_连接_2”，如图 6-15 所示；建立转运单元与检测单元（PLC_30 与 PLC_40）之间的 S7 连接“S7_连接_3”，如图 6-16 所示；建立检测单元与分拣单元（PLC_40 与 PLC_50）之间的 S7 连接“S7_连接_4”，如图 6-17 所示。

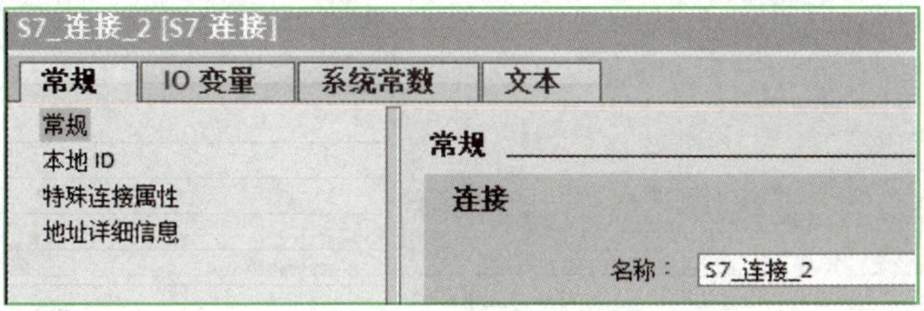

图 6-15　S7_连接_2

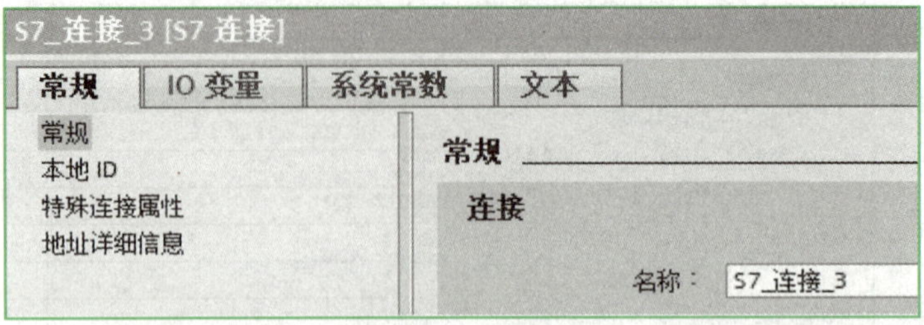

图 6-16　S7_ 连接 _3

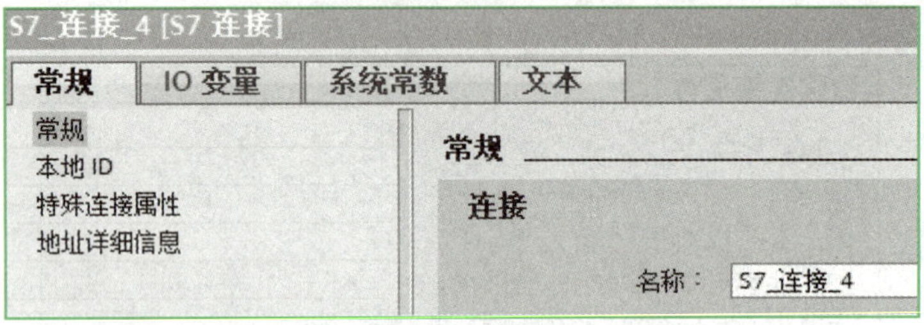

图 6-17　S7_ 连接 _4

（3）添加触摸屏，建立 HMI 连接。

在 FMS_PROGRAM 的项目中，添加一个 HMI，型号为 KTP400 Basic PN，订货号为 6AV2 123-2DB03-0AX0，如图 6-18 所示。

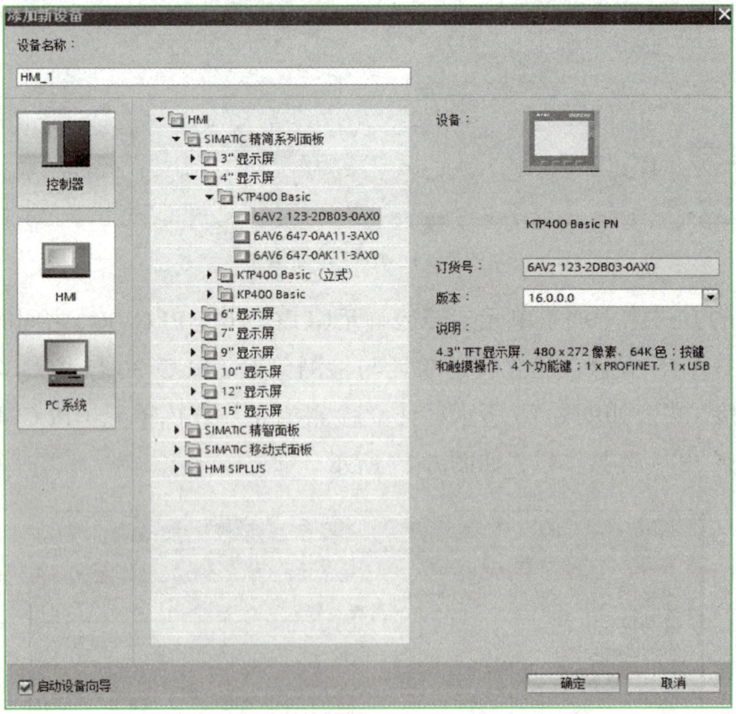

图 6-18　添加一个 HMI

按照 HMI 设备向导组态 PLC 连接，“通信驱动程序”选择“SIMATIC S7 1500”，“接口”选择“PROFINET(X1)”，单击右下方“浏览”标签旁的下拉箭头，选择“PLC_10”，单击“完成”按钮，如图 6-19 所示。

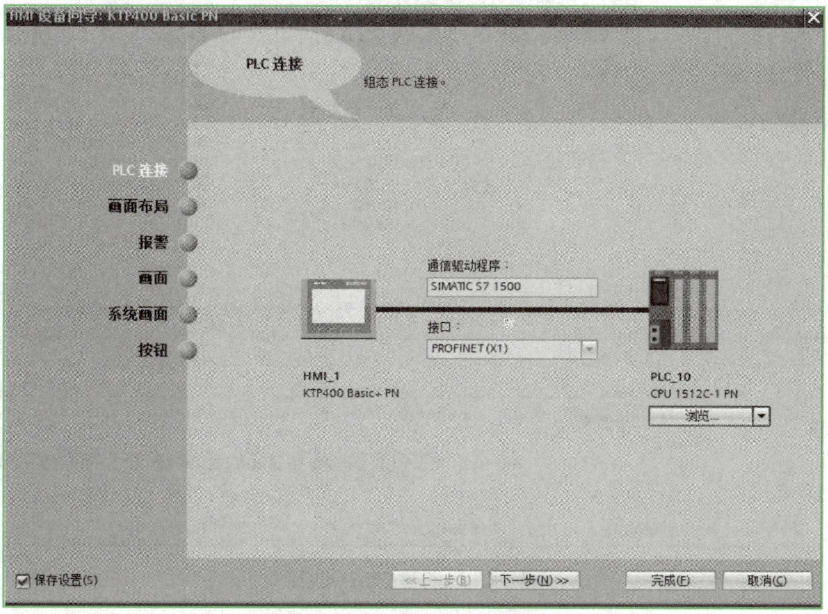

图 6-19　PLC 连接参数设置

此时，在左侧“项目树”中可看到刚刚添加的 HMI，选中右击，在弹出的对话框中，选择“重命名”，修改 IIMI 的名称为 HMI_10，如图 6-20 所示，代表此为与供料单元 PLC 相连接的 HMI。

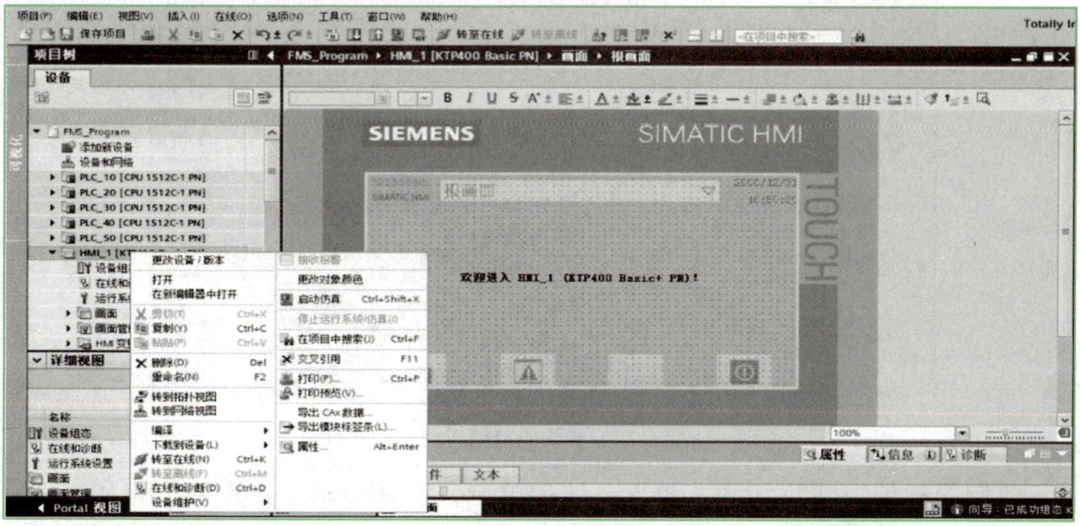

图 6-20　HMI 重命名

打开博途软件网络视图，先单击连接图表创建一个新的连接，然后在其右边连接列表中选择“HMI 连接”，创建一个新的连接“HMI_ 连接 _1”，如图 6-21 所示。

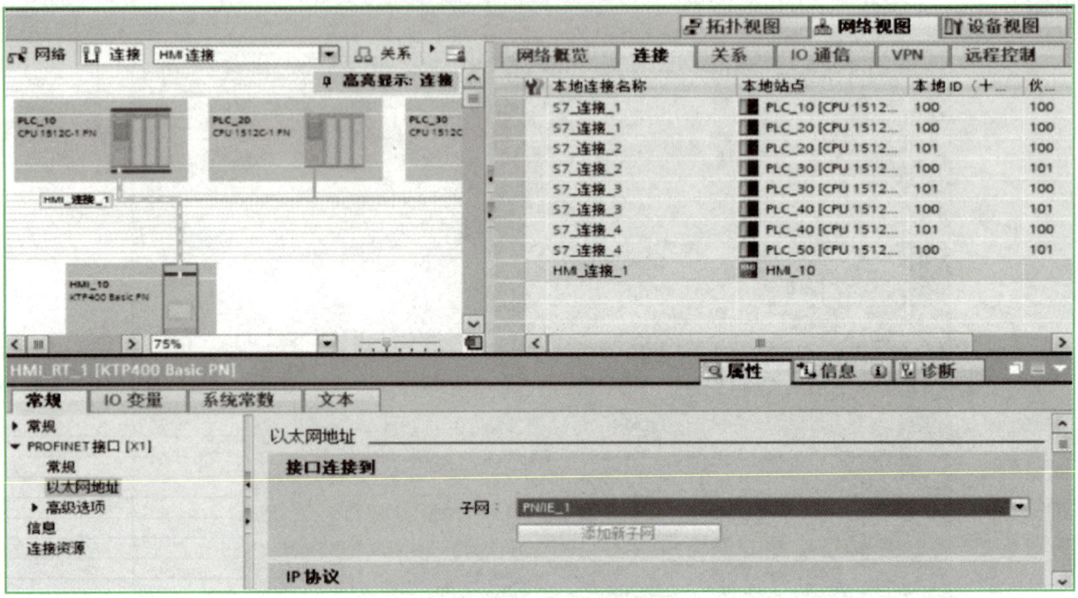

图 6-21　创建 HMI 连接

选中“HMI_ 连接 _1”，单击“常规”属性下的“以太网地址”，将接口连接到子网“PN/IE_1”，修改 HMI IP 地址为“192.168.0.11”，如图 6-22 所示。此时，供料单元 HMI 与供料单元 PLC 的网络组态及组态参数已设置完成。

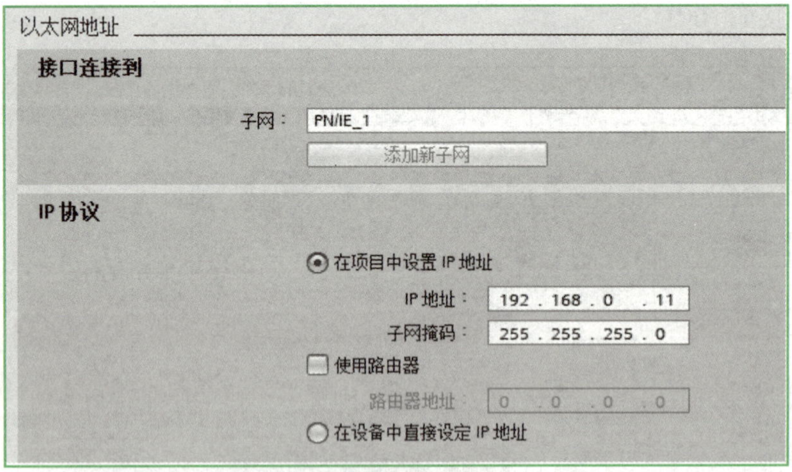

图 6-22　修改 HMI IP 地址

使用同样的方法添加加工单元、转运单元、检测单元、分拣单元的 HMI，分别命名为 HMI_20、HMI_30、HMI_40、HMI_50，IP 地址分别设置为 192.168.0.21、

192.168.0.31、192.168.0.41、192.168.0.51，HMI 连接分别命名为“HMI_ 连接 _2”“HMI_ 连接 _3”“HMI_ 连接 _4”“HMI_ 连接 _5”。

至此，FMS 中五台 PLC 与五台 HMI 硬件组态和网络组态已完成，如图 6-23 所示。

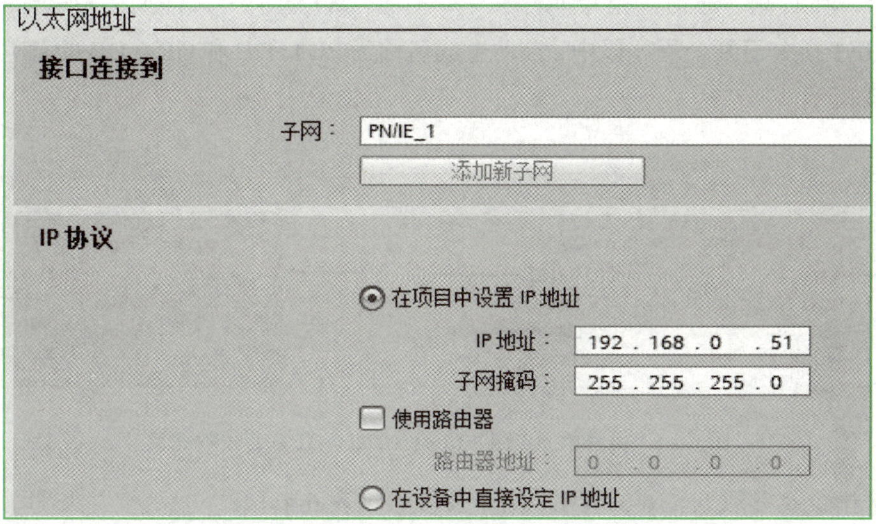

图 6-23　PLC 与 HMI 硬件组态与网络组态

（4）编写 S7 通信程序。

根据项目任务控制要求，在 5 个 PLC 程序块中分别创建发送数据块和接收数据块，见表 6-2，且在数据块的属性设置中需要取消“优化的块访问”选项。

表 6-2　5 个 PLC 程序块中发送数据块和接收数据块

<table>
<tr><th>PLC 站</th><th>PLC_10</th><th>PLC_20</th><th>PLC_30</th><th>PLC_40</th><th>PLC_50</th><th>数据类型</th></tr>
<tr><td rowspan="2">发送数据块</td><td rowspan="2">DB100（20 站程序启动）</td><td>DB100（30 站工作启动）</td><td>DB102（40 站工作启动）</td><td>DB100（40 站工作中）</td><td rowspan="2">DB100（复位金属物料记忆、复位白色物料记忆）</td><td>Bool</td></tr>
<tr><td>DB102（20 站准备就绪）</td><td>DB100（30 站工作中）</td><td>DB102（金属物料记忆、白色物料记忆）</td><td>Bool</td></tr>
<tr><td rowspan="2">接收数据块</td><td rowspan="2">DB101（20 站准备就绪）</td><td>DB101（30 站工作中）</td><td>DB103（40 站工作中）</td><td>DB101（40 站工作启动）</td><td rowspan="2">DB101（金属物料记忆、白色物料记忆）</td><td>Bool</td></tr>
<tr><td>DB103（20 站程序启动）</td><td>DB101（30 站工作启动）</td><td>DB103（复位金属物料记忆、复位白色物料记忆）</td><td>Bool</td></tr>
</table>

分别在 PLC_10、PLC_20、PLC_30、PLC_40 程序块中创建函数 FC 调用 PUT/GET 指令。在 PLC_10 程序块中，单击“添加新块”，在弹出的对话框中，输出名称“数据通信”，语言选择“LAD”，选择“手动”，设置块号为 5。双击打开“数据通信 [FC5]”编辑窗口，在右侧“通信”指令文件夹中，打开“S7 通信”文件夹，用鼠标双击或拖动 PUT/GET 指令至某个程序段中，自动生成名称为 PUT_DB 和 GET_DB 的背景数据块，如图 6-24 所示。

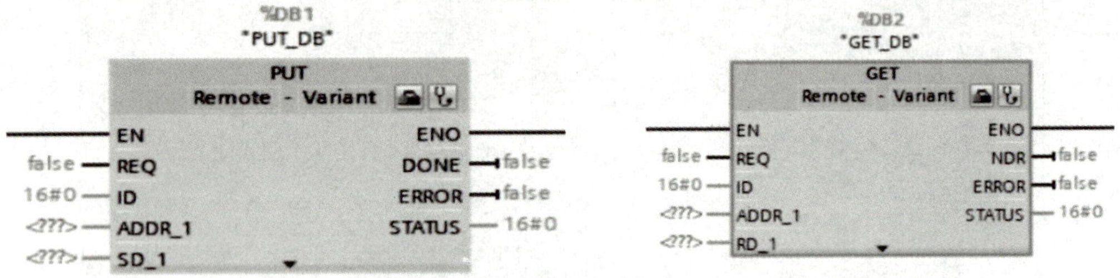

图 6-24　供料单元 PLC_10 模块 PUT/GET 背景数据块

PUT 指令及参数见表 6-3，GET 指令及参数见表 6-4。

表 6-3　PUT 指令及参数

指令	参数	描述	数据类型
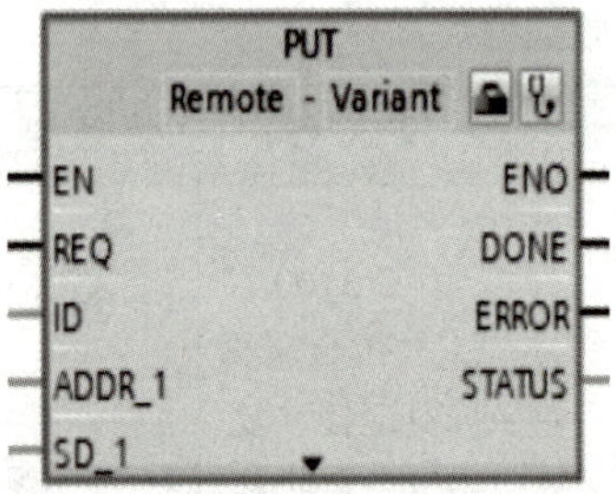	EN	使能	Bool
	REQ	上升沿触发，可以使用系统时钟或自定义时钟，或者使用通信状态触发	Bool
	ID	连接号，要与连接配置中一致，创建连接时的连接号（为十六进制）	Word
	ADDR_1	发送到通信伙伴数据区的地址	Any
	SD_1	本地数据发送区	Any
	DONE	0 表示任务没有开始或正在运行，1 表示发送任务完成	Bool
	ERROR	0 表示没有错误，1 表示处理过程中有错误	Bool
	STATUS	状态信息	Word

表 6-4　GET 指令及参数

指令	参数	描述	数据类型
	EN	使能	Bool
	REQ	上升沿触发，可以使用系统时钟或自定义时钟，或者使用通信状态触发	Bool

续表

指令	参数	描述	数据类型
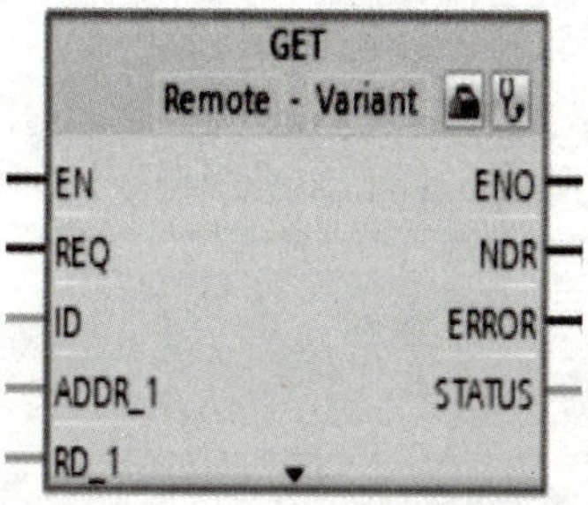	ID	连接号，要与连接配置中一致，创建连接时的连接号（为十六进制）	Word
	ADDR_1	从通信伙伴数据区读取数据的地址	Any
	RD_1	本地接收数据地址	Any
	NDR	0 表示任务没有开始或正在运行，1 表示接收任务完成	Bool
	ERROR	0 表示没有错误，1 表示处理过程中有错误	Bool
	STATUS	状态信息	Word

根据任务控制要求，以供料单元即 PLC_10 为例，说明 PUT/GET 指令及参数设置方法。

选中 PUT 指令块，选择右下方“属性”，选择“组态”，单击“连接参数”，指定本地端点（PLC_10）与伙伴端点（PLC_20）、本地子网（以太网）与伙伴子网（以太网）、本地子网名称（PN/IE_1）与伙伴子网名称（PN/IE_1）、本地地址（192.168.0.10）与伙伴地址（192.168.0.20）、连接 ID（十六进制）（100）、连接名称（S7_ 连接 _1）等信息，如图 6-25 所示。

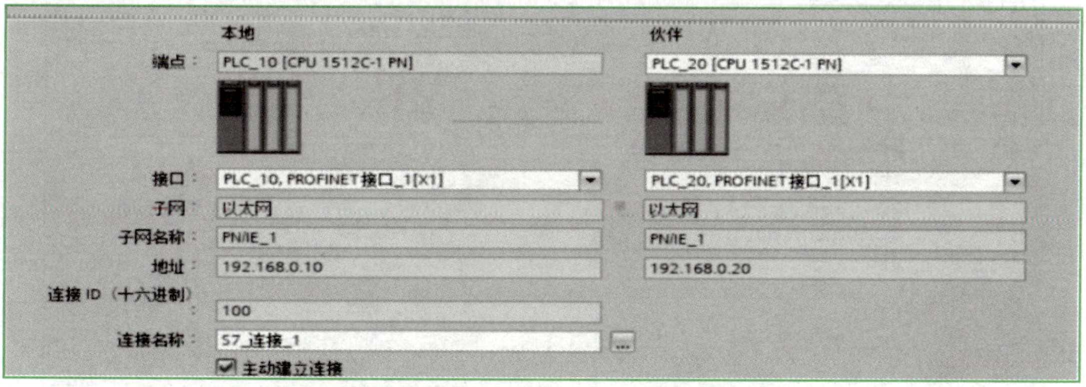

图 6-25　PLC_10 PUT 指令“连接参数”设置

单击“块参数”，在“REQ：”后面选择系统“Clock_5Hz”作为启动请求信号；根据控制要求，在“写入区域（ADDR_1）”中，指定伙伴 CPU 上待写入的区域起始地址为“DB103.DBX0.0”，长度为“1”，类型为“BYTE”；在“发送区域（SD_1）”中，指定本地 CPU 地址区用于发送待写入数据的起始地址为“DB100.DBX0.0”，长度为“1”，类型为“BYTE”。至此，PUT 指令及参数设置完毕，如图 6-26 所示。

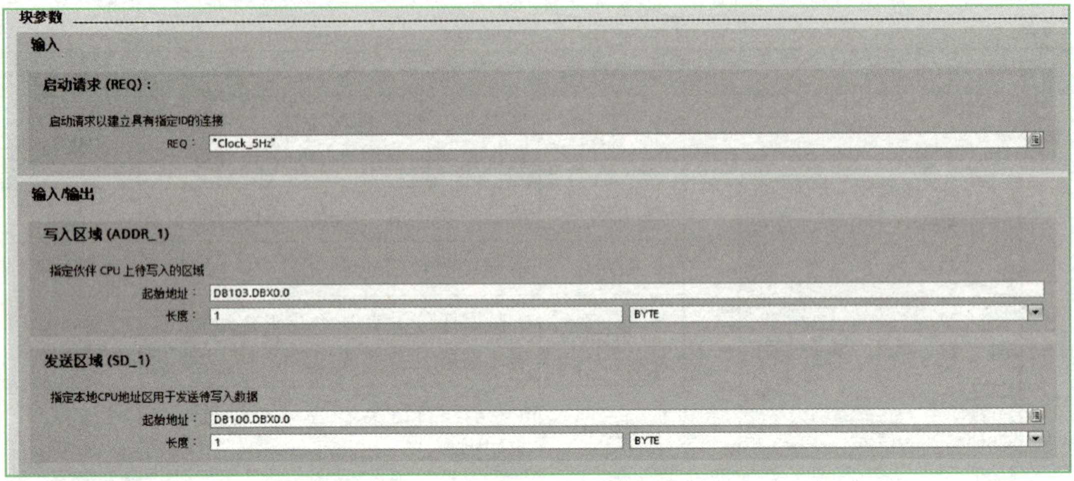

图 6-26　PLC_10 PUT 指令“块参数”设置

选中 GET 指令块，选择右下方“属性”，选择“常规”，单击“连接参数”，指定本地端点（PLC_10）与伙伴端点（PLC_20）、本地子网（以太网）与伙伴子网（以太网）、本地子网名称（PN/IE_1）与伙伴子网名称（PN/IE_1）、本地地址（192.168.0.10）与伙伴地址（192.168.0.20）、连接 ID（十六进制）（100）、连接名称（S7_ 连接 _1）等信息，如图 6-27 所示。

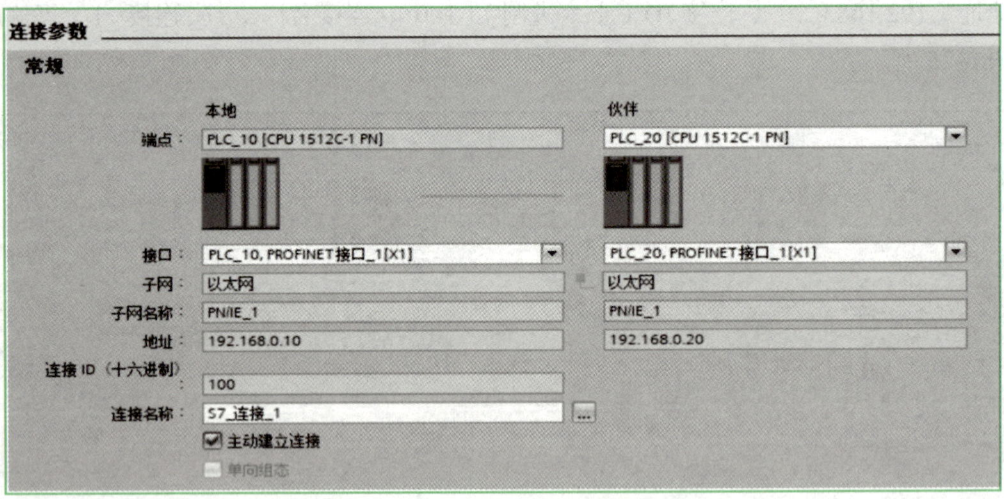

图 6-27　PLC_10 GET 指令“连接参数”设置

单击“块参数”，在“REQ：”后面选择系统“Clock_5Hz”作为启动请求信号；根据控制要求，在“读取区域（ADDR_1）”中，指定待读取伙伴 CPU 中的区域起始地址为“DB102.DBX0.0”，长度为“1”，类型为“BYTE”；在“存储区域（RD_1）”中，指定本地 CPU 地址区用于接收读取数据的起始地址为“DB101.DBX0.0”，长度为“1”，类型为“BYTE”。至此，GET 指令设置完毕，如图 6-28 所示。

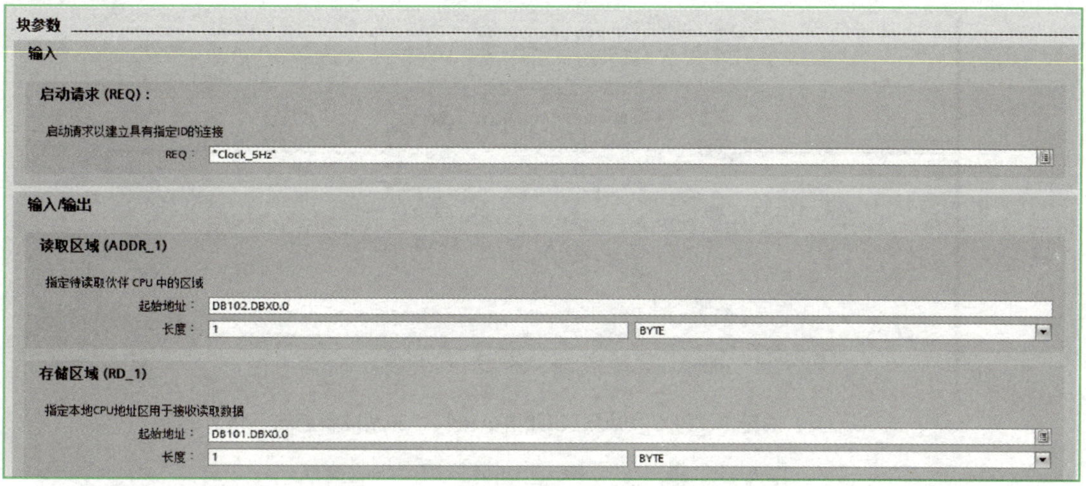

图 6-28　PLC_10 GET 指令“块参数”设置

加工单元 PLC_20、转运单元 PLC_30、检测单元 PLC_40 中 PUT/GET 指令及参数设置方法同供料单元 PLC_10，注意选择伙伴端点应该根据控制要求，修改 PUT 指令写入区域、发送区域地址，修改 GET 指令读取区域、存储区域地址。

3. 五台 S7-1500 PLC S7 通信程序编写

根据 FMS 控制要求，创建完通信数据块、数据通信函数，设置完 PUT/GET 指令各项参数后，需要在主程序中对通信程序块中的发送数据和接收数据通过程序进行赋值。因为 FMS 中各个单元的控制要求和控制程序在前文中已详细讲述，所以在本项目任务中不再赘述，仅对涉及的通信程序进行讲解。

（1）供料单元通信程序。

FMS 五站联动自动工作模式下，供料单元 PLC_10 的开始工作条件是需要在原有料仓气缸和摆缸就位的基础上，接收加工单元 PLC_20“20 站准备就绪”的信号，作为供料单元启动工作的条件之一。供料单元 PLC_10 通过 GET 指令接收加工单元发送数据块 DB102 的信息并存放在供料单元接收数据块 DB101 中，如图 6-29 所示。当供料单元完成供料，摆缸右摆到位，将工件放置在加工单元料盘上时，向加工单元发

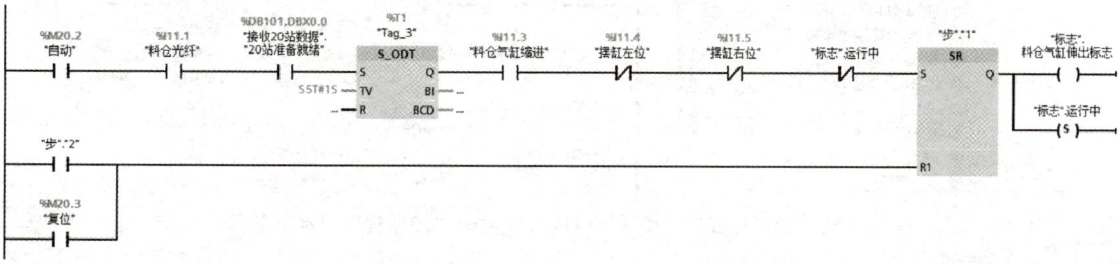

（a）供料单元PLC_10应用“20站准备就绪”信号

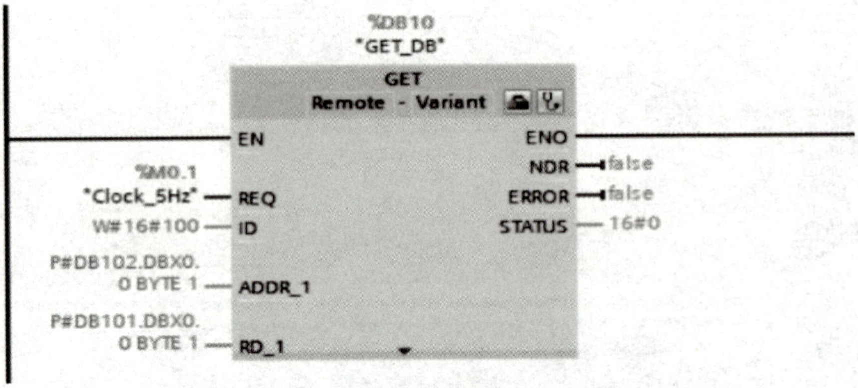

（b）供料单元PLC_10通过GET指令接收“20站准备就绪”信号

图 6-29　供料单元 PLC_10 通信数据接收程序

送“20 站程序启动”信号。该信号被存放到供料单元发送数据块 DB100 中，然后供料单元 PLC_10 通过 PUT 指令将该信号发送到加工单元的接收数据块 DB103 中，如图 6-30 所示。

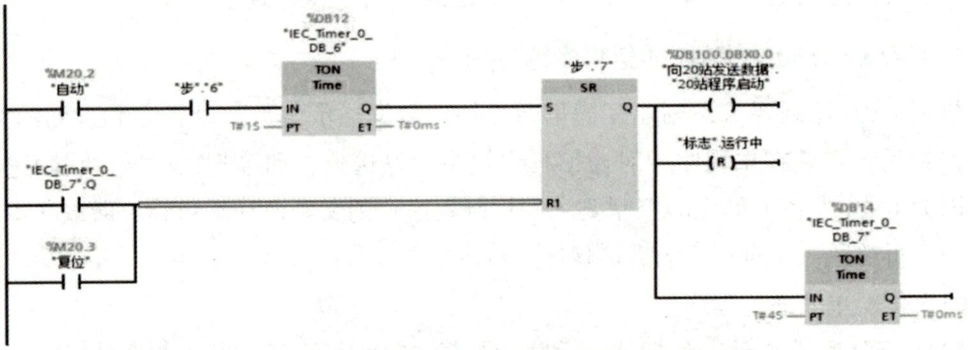

（a）供料单元PLC_10提供“20站程序启动”信号

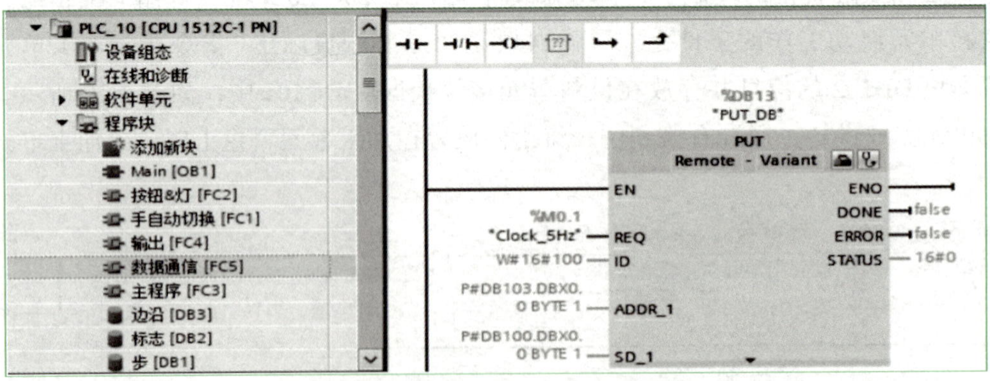

（b）供料单元PLC_10通过PUT指令发送“20站程序启动”信号

图 6-30　供料单元 PLC_10 通信数据发送程序

（2）加工单元通信程序。

加工单元 PLC_20 与供料单元 PLC_10 通信：加工单元 PLC_20 作为供料单元 PLC_10 的伙伴方，不需要使用 PUT/GET 指令，只需要将发送和接收的数据准备好。将“20 站准备就绪”信号存放到发送数据块 DB102 中，等待供料单元 PLC_10 GET 指令读取，如图 6-31（a）所示，对应图 6-29（b），作为供料单元工作启动条件之一；将供料单元 PLC_10 PUT 指令发送过来的“20 站程序启动”信号存放到接收数据块 DB103 中，如图 6-31（b）所示，对应图 6-30（b），作为加工单元启动条件之一。

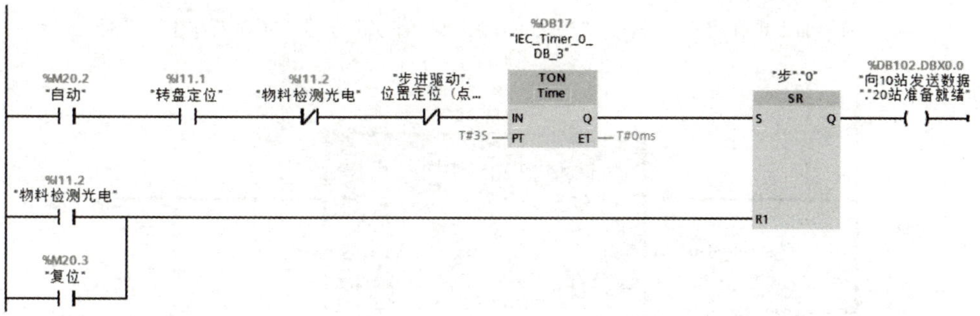

（a）“20站准备就绪”信号

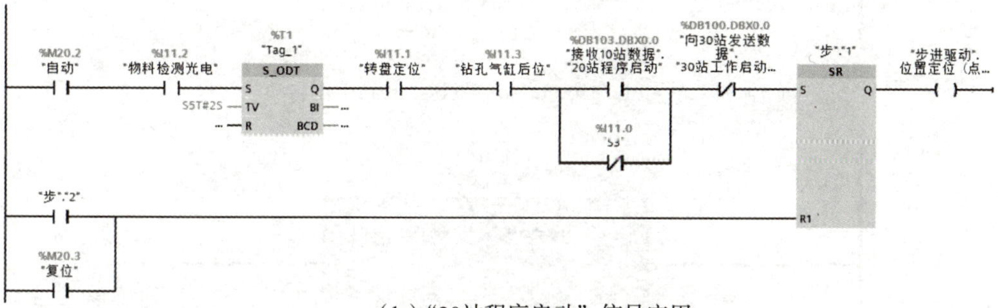

（b）“20站程序启动”信号应用

图 6-31　加工单元 PLC_20 与供料单元 PLC_10 通信信号

加工单元 PLC_20 与转运单元 PLC_30 通信：加工单元 PLC_20 作为单边通信中的本地方与转运单元 PLC_30 伙伴方进行通信。加工单元一个工件加工完毕并送到指定位置时，置位“30 站工作启动”信号，接收到转运单元 PLC_30 单元“30 站工作中”信号时，复位“30 站工作启动”信号，如图 6-32（a）所示。“30 站工作启动”信号存放在加工单元 PLC_20 发送数据块 DB100 中，通过 PUT 指令发送到转运单元 PLC_30 接收数据块 DB101 中，如图 6-32（b）所示。“30 站工作中”信号通过 GET 指令接收转运单元 PLC_30 发送数据块 DB100 的信息，存放到加工单元接收数据块 DB101 中，作为复位“30 站工作启动”的信号之一，如图 6-32（c）所示。

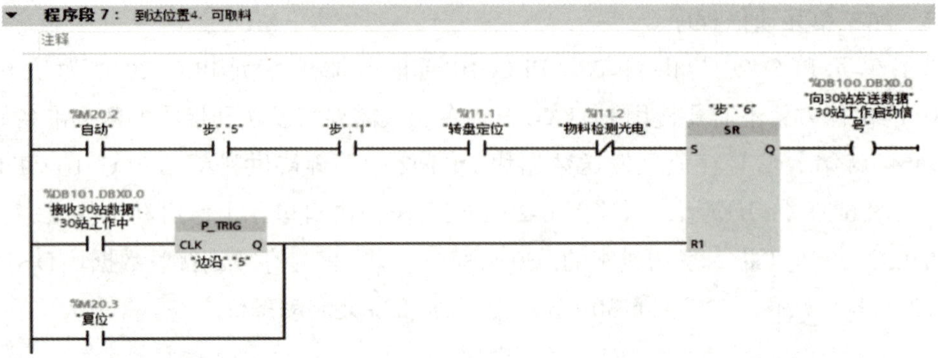

（a）加工单元PLC_20提供“30站工作启动”信号、应用“30站工作中”信号

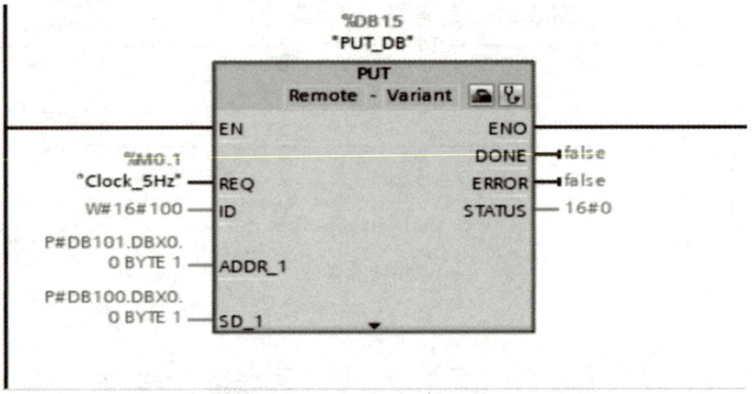

（b）加工单元PLC_20 PUT指令发送“30站工作启动”信号

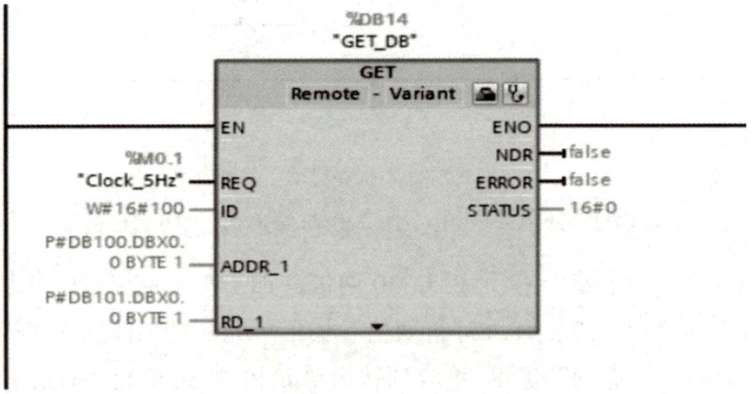

（c）加工单元PLC_20 GET指令接收“30站工作中”信号

图 6-32　加工单元 PLC_20 通信数据发送程序和接收程序

（3）转运单元通信程序。

转运单元 PLC_30 与加工单元 PLC_20 通信：转运单元 PLC_30 作为加工单元 PLC_20 的伙伴方，不需要使用 PUT/GET 指令，只需要将发送和接收的数据准备好。

将“30 站工作中”信号存放到发送数据块 DB100 中，等待加工单元 PLC_20 GET 指令读取，如图 6-33（a）所示，对应图 6-32（c），作为复位“30 站工作启动”的信号之一；将加工单元 PLC_20 PUT 指令发送过来的“30 站工作启动”信号存放到接收数据块 DB101 中，如图 6-33（b）所示，对应图 6-32（b），作为加工单元启动条件之一。

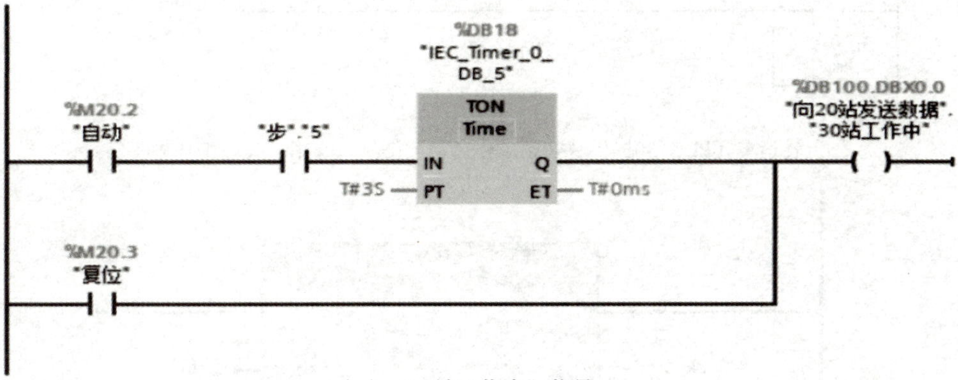

（a）“30站工作中”信号

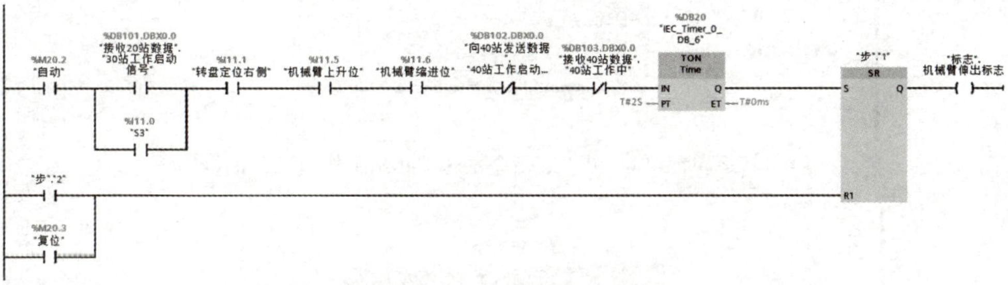

（b）“30站工作启动”信号应用

图 6-33　转运单元 PLC_30 与加工单元 PLC_20 通信信号

转运单元 PLC_30 与检测单元 PLC_40 通信：转运单元 PLC_30 作为单边通信中的本地方与检测单元 PLC_40 伙伴方进行通信。转运单元将工件送到指定位置时，置位“40 站工作启动”信号，接收到检测单元 PLC_40“40 站工作中”信号时，复位“40 站工作启动”信号，如图 6-34（a）所示。将“40 站工作启动”信号存放在转运单元 PLC_30 发送数据块 DB102 中，通过 PUT 指令发送到检测单元 PLC_40 接收数据块 DB101 中，如图 6-34（b）所示。“40 站工作中”信号通过 GET 指令接收检测单元 PLC_40 发送数据块 DB100 的信息，存放到加工单元接收数据块 DB103 中，作为复位“40 站工作启动”的信号之一，如图 6-34（c）所示。

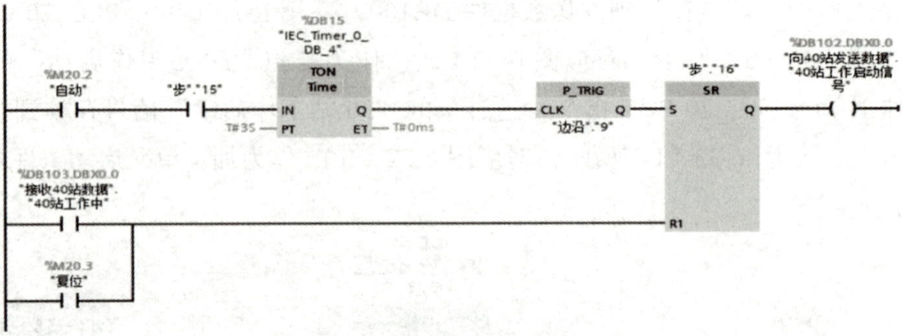

（a）转运单元PLC_30提供“40站工作启动”信号、应用“40站工作中”信号

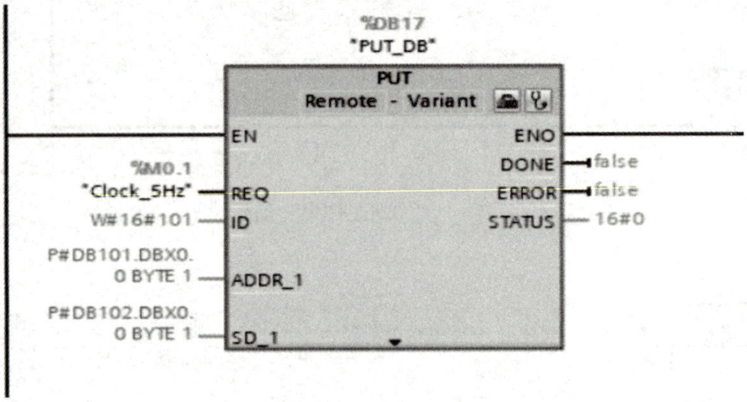

（b）转运单元PLC_30 PUT指令发送“40站工作启动”信号

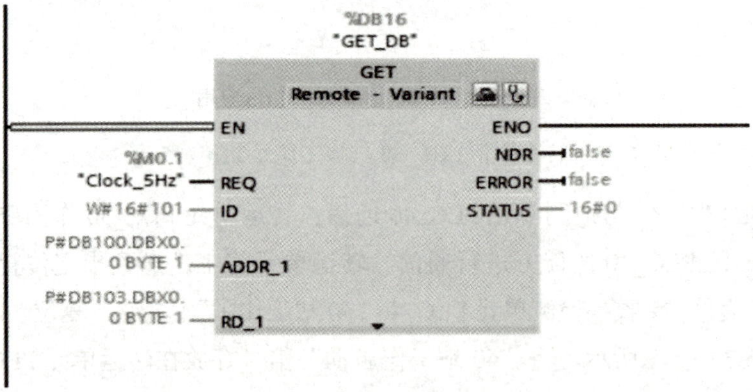

（c）转运单元PLC_30 GET指令接收“40站工作中”信号

图 6-34 转运单元 PLC_30 通信数据发送程序和接收程序

（4）检测单元通信程序。

检测单元 PLC_40 与转运单元 PLC_30 通信：检测单元 PLC_40 作为转运单元 PLC_30 的伙伴方，不需要使用 PUT/GET 指令，只需要将发送和接收的数据准备好。将“40 站工作中”信号存放到发送数据块 DB100 中，等待转运单元 PLC_30 GET 指令读取，作为复位“40 站工作启动”的信号之一；将转运单元 PLC_30 PUT 指令发送过

来的“40 站工作启动”信号存放到接收数据块 DB101 中，作为检测单元启动条件之一，如图 6-35 所示。

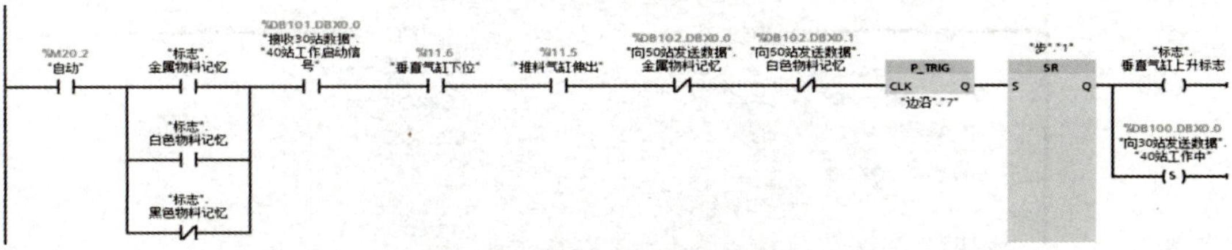

图 6-35　检测单元 PLC_40 与转运单元 PLC_30 通信信号

检测单元 PLC_40 与分拣单元 PLC_50 通信：检测单元 PLC_40 作为单边通信中的本地方与分拣单元 PLC_50 伙伴方进行通信。检测单元检测工件是属于金属物料、白色物料还是黑色物料，并对金属物料和白色物料进行标识记忆，留待分拣单元进行分拣，如图 6-36（a）所示。置位“金属物料记忆”“白色物料记忆”信号，存放在检测单元 PLC_40 发送数据块 DB102 中，通过 PUT 指令发送到分拣单元 PLC_50 接收数据块 DB101 中，如图 6-36（b）所示。“复位金属物料记忆”“复位白色物料记忆”信号通过 GET 指令向分拣单元 PLC_50 发送数据块 DB101 的信息，存放到检测单元 PLC_40 接收数据块 DB103 中，作为复位“金属物料记忆”“白色物料记忆”的信号之一，如图 6-36（c）所示。

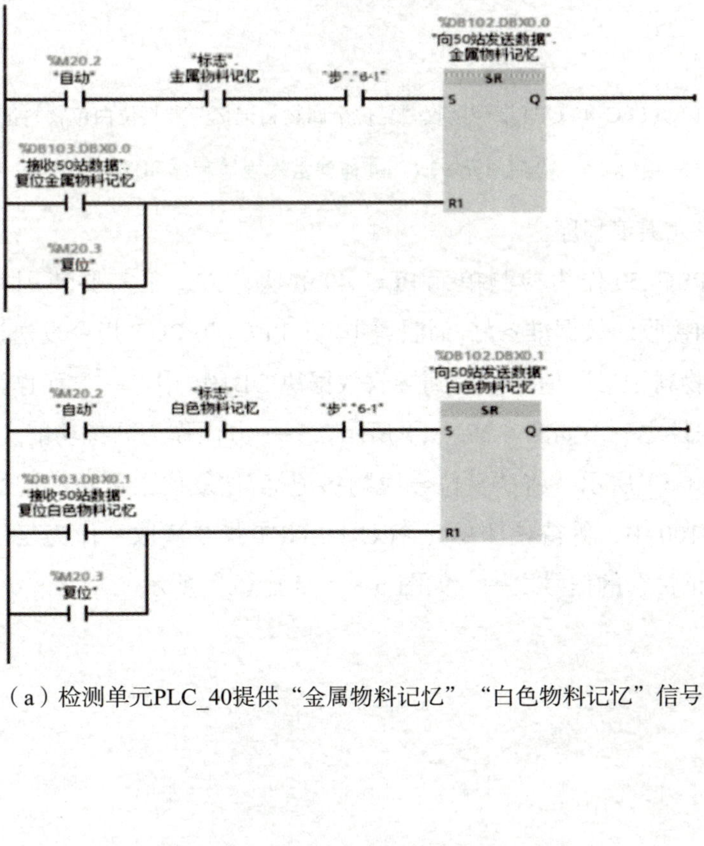

（a）检测单元PLC_40提供“金属物料记忆”“白色物料记忆”信号

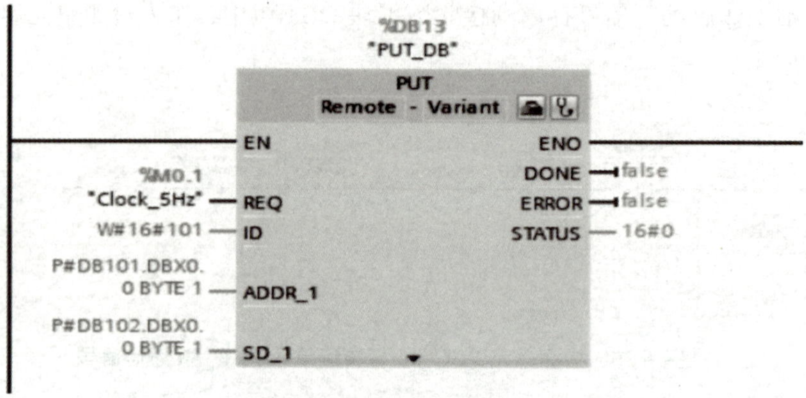

（b）检测单元PLC_40 PUT指令发送“金属物料记忆”“白色物料记忆”信号

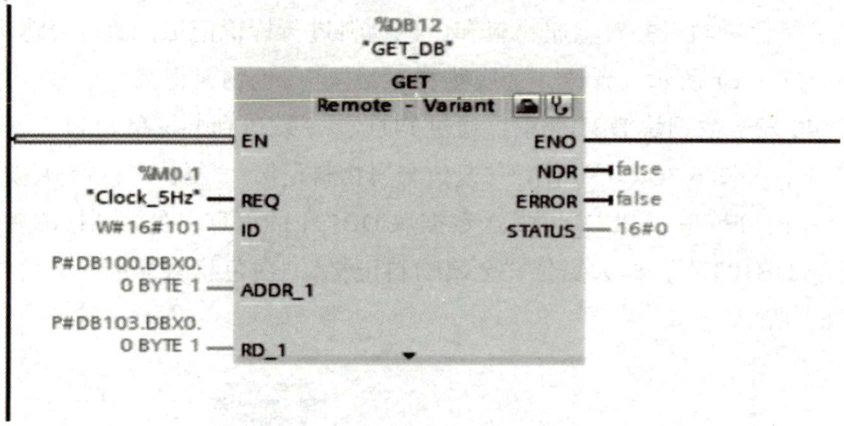

（c）检测单元PLC_40 GET指令接收“复位金属物料记忆”“复位白色物料记忆”信号

图 6-36　检测单元 PLC_40 通信数据发送程序和接收程序

（5）分拣单元通信程序。

分拣单元 PLC_50 作为检测单元 PLC_40 的伙伴方，不需要使用 PUT/GET 指令，只需要将发送和接收的数据准备好。将检测单元 PLC_40 PUT 指令发送过来的“金属物料记忆”“白色物料记忆”信号存放到接收数据块 DB101 中，一方面作为启动分拣单元变频器的启动条件之一，如图 6-37（a）所示，另一方面作为分拣功能实现的条件之一，如图 6-37（b）、（c）所示。将“复位金属物料记忆”“复位白色物料记忆”信号存放到发送数据块 DB100 中，等待检测单元 PLC_40 GET 指令读取，作为复位“金属物料记忆”“白色物料记忆”的信号之一，如图 6-37（d）、（e）所示。

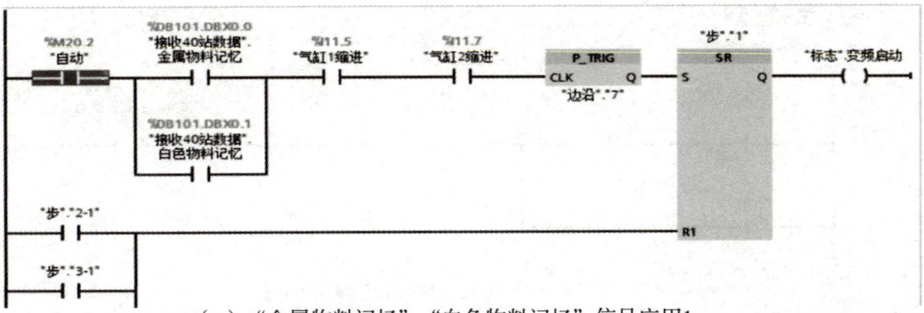

（a）“金属物料记忆”“白色物料记忆”信号应用1

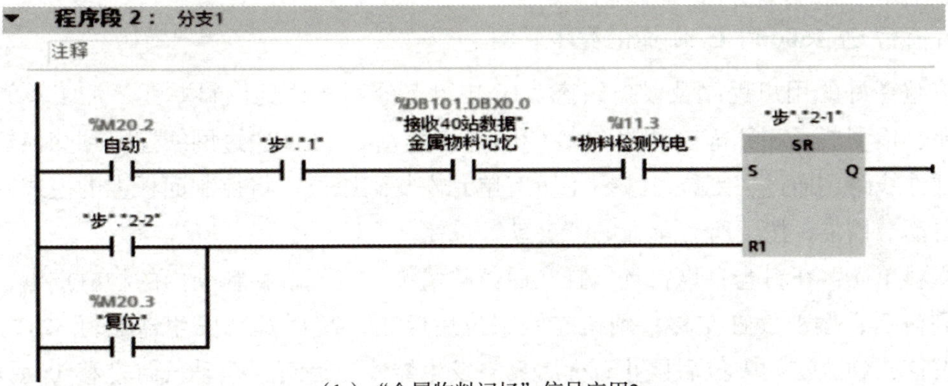

（b）“金属物料记忆”信号应用2

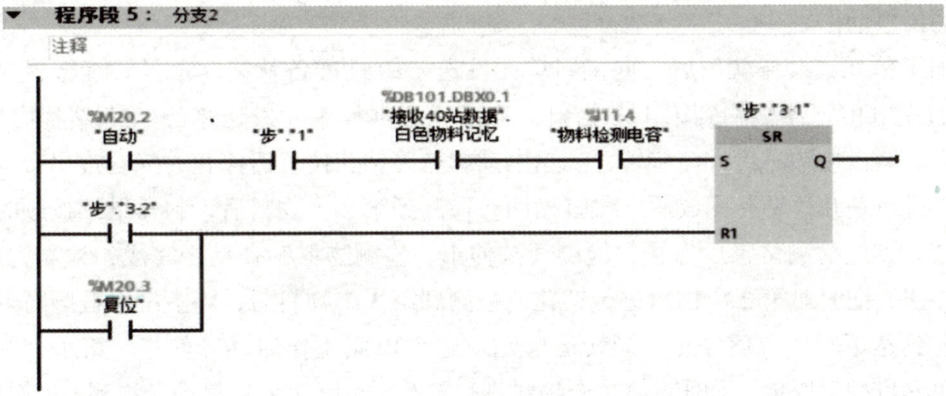

（c）“白色物料记忆”信号应用2

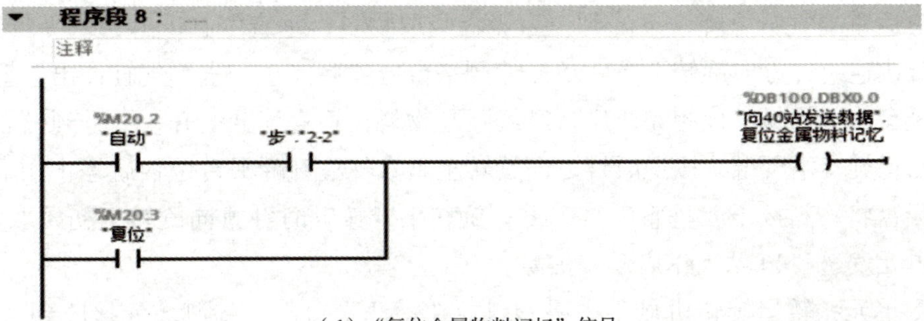

（d）“复位金属物料记忆”信号

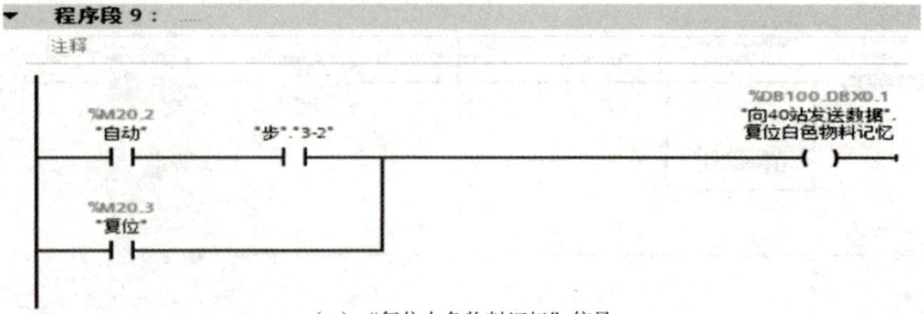

（e）“复位白色物料记忆”信号

图 6-37　分拣单元 PLC_50 通信数据程序

4. 五台 S7-1500 PLC S7 通信程序联调

将编译好的用户程序及设备组态、HMI 组态分别下载到供料单元、加工单元、转运单元、检测单元和分拣单元的 PLC CPU 中。将所有 PLC 通过网线连接到交换机，连接好硬件线路，通过“复位”按钮将所有单元恢复到原位。将控制面板上的模式开关拨到“自动”挡位，按下所有单元的“启动”按钮。

供料单元：在料仓有物料且气缸在后位的情况下，气缸将料仓内的物料推出；气缸返回到位后，摆动气缸左移；到达左侧限位后停止，2s 后真空发生器运行；2s 后摆动气缸右移，到达右侧限位后停止；2s 后真空发生器停止运行，摆动气缸左移 1s 后停止。如果料仓内还有物料，且接收到加工单元“20 站准备就绪”通信信号，则开始下一个周期的供料动作。

加工单元：设备就位后，向供料单元发送“20 站准备就绪”信号。旋转料盘上料位置的光电传感器检测到第 1 个物料，且接收到供料单元发送来的“20 站程序启动”信号后，料盘按顺时针方向旋转，到达电动螺丝刀钻孔位置后停止，气缸推出带动电动螺丝刀进行钻孔，钻孔完成后，气缸缩回；检测到第 2 个物料后，料盘继续按顺时针方向旋转，到达检测位置后停止，检测气缸伸出，检测物料钻孔是否完成，检测完成后，气缸缩回，同时对第 2 个物料进行钻孔；检测到第 3 个物料后，料盘继续按顺时针方向旋转，到达下料位置后停止，向转运单元发送“30 站工作启动”信号。第 1 个物料由转运单元机械手取走，同时对第 3 个物料进行钻孔，对第 2 个物料进行检测，依次循环。

转运单元：加工单元接收到“30 站工作启动”信号后，旋转手臂水平气缸伸出，伸出到位后垂直气缸下降，下降到位后吸盘吸取物料，垂直气缸上升，水平气缸缩回；旋转手臂按逆时针方向旋转至下一单元检测平台位置后停止，水平气缸伸出，垂直气缸下降，吸盘放下物料；检测完成后，继续吸起物料，垂直气缸上升，上升到位后，水平气缸缩回；旋转手臂继续按逆时针方向旋转至垂直气缸升降平台位置后停止，垂直气缸下降，吸盘将物料放下，垂直气缸上升；旋转手臂按顺时针方向旋转至初始取料位置，向检测单元发送“40 站工作启动”信号。

检测单元：转运旋转机械手先将物料放在检测平台上，检测单元接收到“40 站工作启动”信号后，对工件进行检测，记录下工件类型，并将“金属物料记忆”和“白色物料记忆”信息发送给分拣单元。检测完毕后将物料放置到提升气缸升降平台上，提升气缸上升到顶部，检测气缸带动位移传感器向下移动，进行物料孔的深度检测，检测完成后，检测气缸上升到位。根据检测结果：如果是金属、白色聚甲醛（POM）物料，则提升气缸下降到中间位置，水平气缸将物料推出至下一单元后返回，提升气缸下降到底部位置；如果是黑色聚甲醛（POM）物料，则提升气缸下降到底部位置，水平气缸将物料推出后返回。

分拣单元：分拣单元接收到检测单元发送过来的“金属物料记忆”和“白色物料记忆”信息，启动输送线开始运行，输送线上侧的传感器对物料进行检测，根据“金属物料记忆”和“白色物料记忆”信息和检测结果分拣出不同材质的物料，电感传感器检测到金属物料，到达 1# 气缸位置后输送线停止，1# 气缸将物料推出后返回，光电传感器检测到白色聚甲醛（POM）物料，到达 2# 气缸位置后输送线停止，2# 气缸将物料推出后返回。

若供料单元料仓供料不断，五台工作单元将周而复始地按照控制要求进行工作，则说明本项目任务已实现。

任务评价

任务实施评价见表 6-5。

表 6-5　任务实施评价表

<table>
<tr><td colspan="2">____学年</td><td>工作形式：□个人　□小组分工　□小组</td><td colspan="2">评分</td><td rowspan="2">工作时间</td></tr>
<tr><td>任务</td><td>训练内容与分值</td><td>训练要求</td><td>学生自评</td><td>教师评分</td></tr>
<tr><td rowspan="3">五台 S7-1500 PLC 的 S7 通信</td><td>1. 西门子 S7 通信协议描述（20 分）</td><td>正确描述西门子 S7 通信协议的特点及类型（10 分）
正确描述 S7 通信协议的通信方式（10 分）</td><td></td><td></td><td></td></tr>
<tr><td>2. 西门子 S7 通信指令认知（20 分）</td><td>正确描述 S7 通信指令的作用和类型（10 分）
正确描述 S7 单边通信和双边通信指令的区别（10 分）</td><td></td><td></td><td></td></tr>
<tr><td>3. 西门子 S7-1500 PLC S7 通信系统的构建（30 分）</td><td>按照通信要求，正确设置主站 S7 通信指令和通信参数（15 分）
按照通信要求，正确设置从站 S7 通信数据（15 分）</td><td></td><td></td><td></td></tr>
</table>

续表

任务	____学年	工作形式：□个人　□小组分工　□小组	评分		工作时间
	训练内容与分值	训练要求	学生自评	教师评分	
	4. 西门子 S7-1500 PLC S7 通信程序的编写与调试（20 分）	按照通信要求，正确编写和调试 S7-1500 PLC S7 通信程序（20 分）			
	5. 职业素养与安全意识（10 分）	分工合作，配合紧密；遵守纪律，保持平台整洁（10 分）			
	总分：100 分	学生：　　　　教师：	日期：		

任务 6.2 两台 S7-1500 PLC 的开放式以太网通信

任务描述

使用S7-1500 PLC开放式以太网通信方式实现两台PLC之间的数据传送。控制要求：主站 PLC_1 接收到启动信号后，发送数据块 DB1 的 Send 数组中 10 字节的数据通过开放式以太网通信方式发送到从站 PLC_2 接收数据块 DB2 的 Receive 数组中 10 字节；从站 PLC_2 接收到启动信号后，发送数据块 DB1 的 Send 数组中 10 字节的数据通过开放式以太网通信方式发送到从站 PLC_1 接收数据块 DB2 的 Receive 数组中 10 字节。以后不停地重复上述过程。

知识链接

6.2.1 开放式用户通信的概念

通过 CPU 集成的 PROFINET/ 工业以太网接口和 TCP、ISO-on-TCP、UDP 协议或通过 S7-1500 带有 PROFINET/ 工业以太网接口的 CP（通信处理器），可以实现开放式用户通信。

S7-1500 PLC 的 CPU 集成的第一个以太网接口为 PROFINET 接口，部分 CPU 第二个以太网接口为 X2，CPU 1518-4 PN/DP 有第 3 个以太网接口 X3，最新版 CPU 的 X2

也是 PROFINET 接口。S7-1500 PLC 的 PROFINET 接口和所有以太网接口均采用 RJ45 接口，支持开放式用户通信、Web 服务器、Modbus TCP 协议和 S7 通信（可以作为客户端和服务器）。开放式用户通信支持以下通信协议和服务：TCP/IP（传输控制协议 / 网际协议）、ISO-on-TCP（RCF1006）、UDP（用户数据报协议）、DHCP（动态主机配置协议）、SNMP（简单网络管理协议）、DCP（发现和基本配置协议）和 LLDP（链路层发现协议）。

6.2.2 开放式用户通信指令

S7-1500 PLC 中开放式以太网通信通过 T-block 指令块来实现。所有 T-block 通信指令都可以在 OBI 中调用，调用 T-block 指令并配置两个 PLC CPU 之间的连接参数，定义数据发送或接收的参数。博途软件提供两套通信指令：不带连接管理的通信指令（见表 6-6）、带连接管理的通信指令（见表 6-7）。

表 6-6　不带连接管理的通信指令

指令	功能
TCON	建立以太网连接
TDISCON	断开以太网连接
TSEND	发送数据
TRCV	接收数据

表 6-7　带连接管理的通信指令

指令	功能
TSEND_C	建立以太网连接并发送数据
TRCV_C	断开以太网连接并接收数据

实际上，TSEND_C 指令实现的是 TCON、TDISCON、TSEND 三个指令的综合功能。TRCV_C 指令是 TCON、TDISCON、TRCV 三个指令的综合。本任务使用 TSEND_C 和 TRCV_C 指令完成两台 S7-1500 PLC 数据通信功能。

任务实施

微课视频

两台 S7-1500 PLC 的开放式以太网通信

使用 SIMATIC TIA Portal V16 软件编写两台 S7-1500 PLC 的通信程序。本任务采用西门子 PLC 开放式以太网通信方式。S7-1500 PLC 的 PROFINET 通信口支持 RJ45 接口标准，采用网线作为两台 PLC 的通信介质。

两台 S7-1500 PLC 的开放式以太网通信主要包括四个步骤：两台 S7-1500 PLC 开放式以太网通信硬件连接、两台 S7-1500 PLC 开放式以太网通信硬件组态、两台 S7-1500 PLC 开放式以太网通信程序编写和两台 S7-1500 PLC 开放式以太网通信程序联调。

1. 两台 S7-1500 PLC 开放式以太网通信硬件连接

根据任务控制要求，本任务中设备 PLC_1 和设备 PLC_2 的控制器均选择 CPU 1512C-1。两台 S7-1500 PLC 通过网线连接 PROFINET 通信接口，如图 6-38 所示。

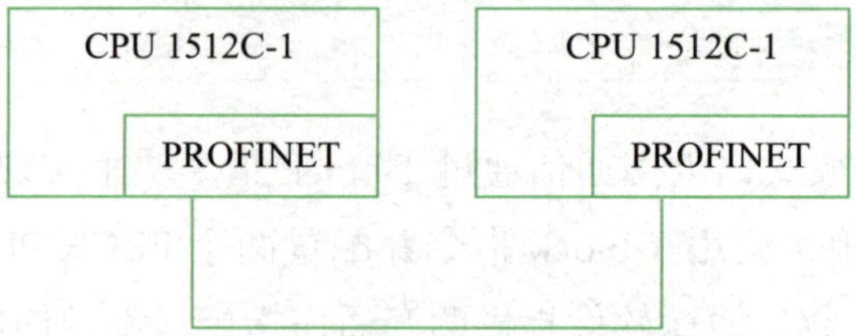

图 6-38　硬件配置及连接

2. 两台 S7-1500 PLC 开放式以太网通信硬件组态

（1）创建工程项目。

用鼠标双击桌面上的图标，打开博途编程软件，在 Portal 视图中选择“创建新项目”，输入项目名称“开放式以太网通信”，选择项目保存路径，然后单击“创建”按钮完成工程项目创建。

（2）硬件组态。

在项目视图的项目树中用鼠标双击“添加新设备”图标，添加名称为 PLC_1 的设备，型号为 CPU 1512C-1 PN，订货号为 6ES7 512-1CK01-0AB0。按上述方法再次用鼠标双击“添加新设备”图标，添加名称为 PLC_2 的设备。根据任务 6.1 中的方法，分别启用 PLC_1 和 PLC_2 系统和时钟存储器 MB1 和 MB0，组态完成后分别对其进行保存和编辑。在项目视图的“设备视图”中，单击 CPU 属性中的“PROFINET 接口 [X1]”选项，设置 PLC 的 IP 地址。本任务中设置 PLC_1 和 PLC_2 的 IP 地址分别为 192.168.0.1 和 192.168.0.2，如图 6-39 所示。切换到“网络视图”模式，创建 PROFINET 的逻辑连接。首先进行以太网的连接。选中 PLC_1 的 PROFINET 接口的绿色小方框，拖动到 PLC_2 的 PROFINET 接口的绿色小方框上，松开鼠标，则建立连接。或者，分别在 PLC_1 和 PLC_2“设备视图”模式下的“PROFINET 接口 [X1]”中，添加新子网 PN/IE_1，也可建立两台 PLC 的以太网连接，如图 6-40 所示。

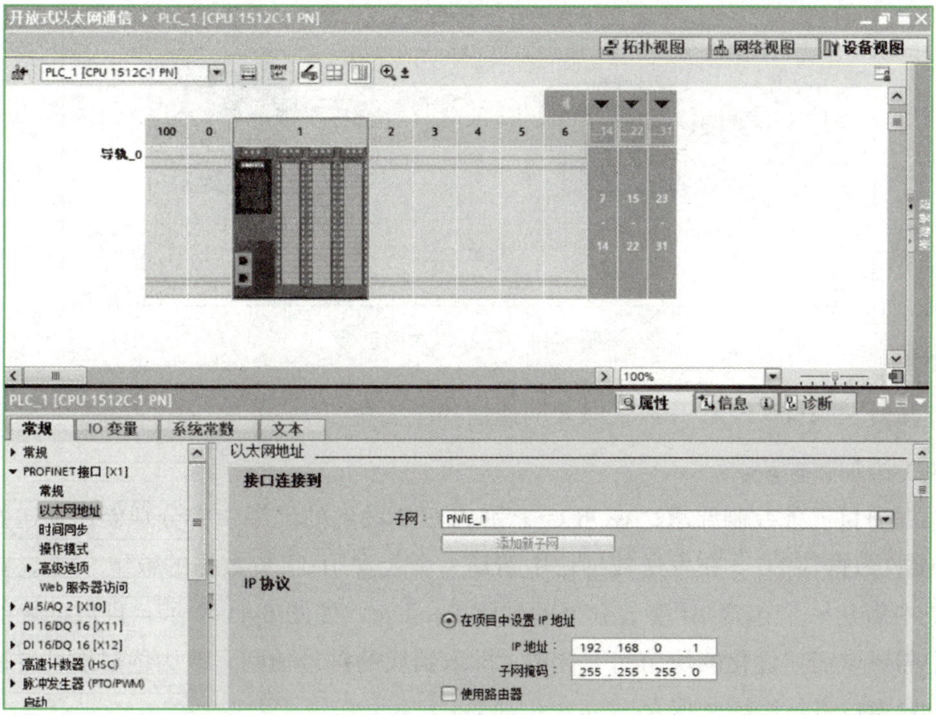

（a）PLC_1硬件组态

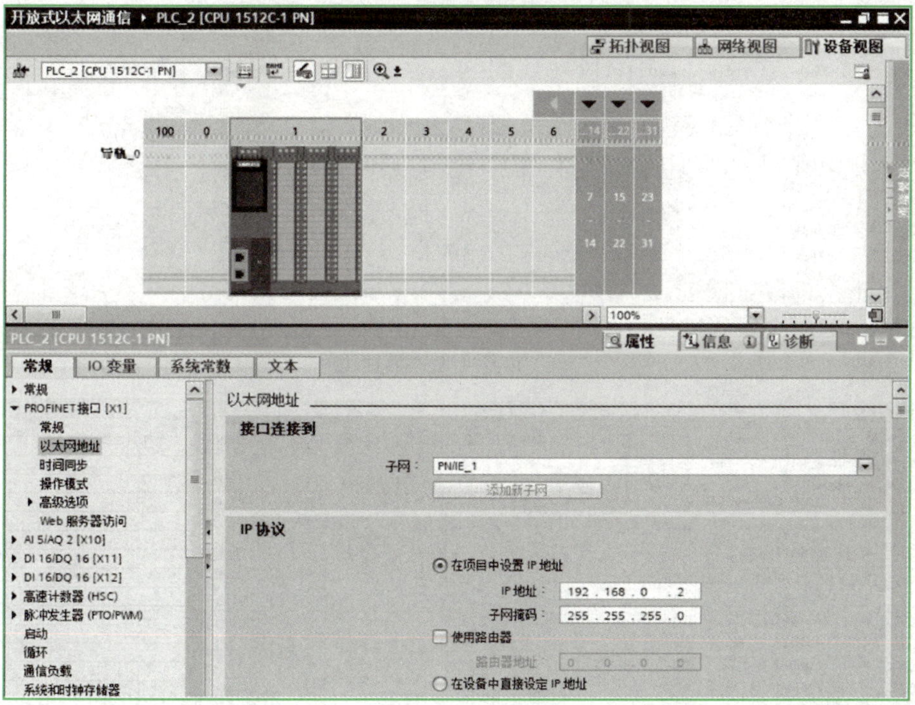

（b）PLC_2硬件组态

图 6-39　硬件组态

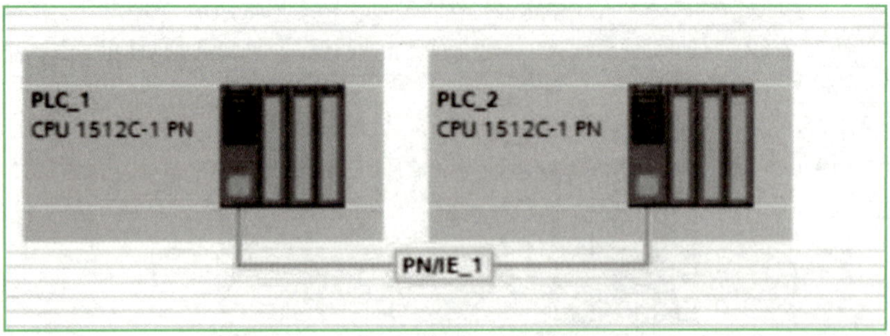

图 6-40　建立以太网连接

3. 两台 S7-1500 PLC 开放式以太网通信程序编写

（1）添加数据块。

根据项目任务控制要求，在 PLC_1 和 PLC_2 设备的程序块中分别创建发送数据块 D1 和接收数据块 D2。在发送数据块中新建一个包含 10 字节数据的数组 Send，在接收数据块中新建一个包含 10 字节数据的数组 Recieve，如图 6-41 所示，且数据块的属性设置中需要取消“优化的块访问”选项，即取消块的符号访问，改为绝对地址寻址，然后对设置窗口进行编译和保存。

发生数据

	名称	数据类型	偏移量	起始值	保持	从 HMI/OPC..	从 H...	在 HMI ...	设定值
1	▼ Static				☐	☐	☐	☐	☐
2	▼ send	Array[0..9] o...	...		☐	☑	☑	☑	☐
3	send[0]	Byte	...	16#0	☐	☑	☑	☑	☐
4	send[1]	Byte	...	16#0	☐	☑	☑	☑	☐
5	send[2]	Byte	...	16#0	☐	☑	☑	☑	☐
6	send[3]	Byte	...	16#0	☐	☑	☑	☑	☐
7	send[4]	Byte	...	16#0	☐	☑	☑	☑	☐
8	send[5]	Byte	...	16#0	☐	☑	☑	☑	☐
9	send[6]	Byte	...	16#0	☐	☑	☑	☑	☐
10	send[7]	Byte	...	16#0	☐	☑	☑	☑	☐
11	send[8]	Byte	...	16#0	☐	☑	☑	☑	☐
12	send[9]	Byte	...	16#0	☐	☑	☑	☑	☐

（a）PLC_1 发送数据块

接收数据

	名称	数据类型	偏移量	起始值	保持	从 HMI/OPC..	从 H...	在 HMI ...	设定值
1	▼ Static				☐	☐	☐	☐	☐
2	▼ receive	Array[0..9] o...	...		☐	☑	☑	☑	☐
3	receive[0]	Byte	...	16#0	☐	☑	☑	☑	☐
4	receive[1]	Byte	...	16#0	☐	☑	☑	☑	☐
5	receive[2]	Byte	...	16#0	☐	☑	☑	☑	☐
6	receive[3]	Byte	...	16#0	☐	☑	☑	☑	☐
7	receive[4]	Byte	...	16#0	☐	☑	☑	☑	☐
8	receive[5]	Byte	...	16#0	☐	☑	☑	☑	☐
9	receive[6]	Byte	...	16#0	☐	☑	☑	☑	☐
10	receive[7]	Byte	...	16#0	☐	☑	☑	☑	☐
11	receive[8]	Byte	...	16#0	☐	☑	☑	☑	☐
12	receive[9]	Byte	...	16#0	☐	☑	☑	☑	☐

（b）PLC_1 接收数据块

图 6-41　添加发送数据块和接收数据块

（2）编写通信程序。

1）在 OB1 中调用 TSEND_C 指令和 TRCV_C 指令。

分别在 PLC_1、PLC_2 的 Main[OB1] 中调用开放式以太网通信指令。双击打开“Main[OB1]”编辑窗口，在右侧“通信”指令文件夹中，打开“开放式通信”文件夹，用鼠标双击或拖动 TSEND_C、TRCV_C 指令至某个程序段中，自动生成名称为 TSEND_C_DB 和 TRCV_C_DB 的背景数据块。

TSEND_C 指令及参数见表 6-8，TRCV_C 指令及参数见表 6-9。

表 6-8　TSEND_C 指令及参数

<table>
<tr><th>指令</th><th>参数</th><th>描述</th><th>数据类型</th></tr>
<tr><td rowspan="12">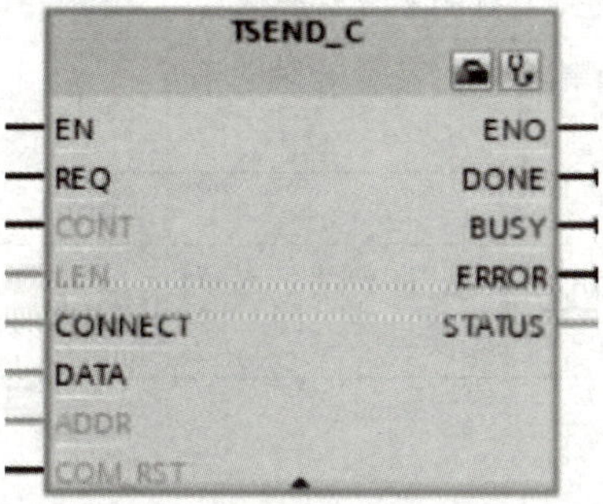
</td><td>EN</td><td>使能</td><td>Bool</td></tr>
<tr><td>REQ</td><td>当出现上升沿时，向远程机发送数据的启动信号</td><td>Bool</td></tr>
<tr><td>CONT</td><td>1 表示连接，0 表示断开连接</td><td>Bool</td></tr>
<tr><td>LEN</td><td>发送数据的最大长度，用字节表示</td><td>UDInt</td></tr>
<tr><td>CONNECT</td><td>连接数据 DB</td><td>Any</td></tr>
<tr><td>DATA</td><td>指向发送区的指针，包含要发送数据的地址和长度</td><td>Any</td></tr>
<tr><td>ADDR</td><td>可选参数（隐藏），指向接收方地址的指针</td><td>Any</td></tr>
<tr><td>COM_RST</td><td>可选参数（隐藏），重置连接：0 表示无关，1 表示重置现有连接</td><td>Bool</td></tr>
<tr><td>DONE</td><td>0 表示任务没有开始或正在运行，1 表示任务没有错误地执行</td><td>Bool</td></tr>
<tr><td>BUSY</td><td>0 表示任务已经完成，1 表示任务没有完成或一个新任务没有被触发</td><td>Bool</td></tr>
<tr><td>ERROR</td><td>0 表示没有错误，1 表示处理过程中有错误</td><td>Bool</td></tr>
<tr><td>STATUS</td><td>状态信息</td><td>Word</td></tr>
</table>

表 6-9　TRCV_C 指令及参数

指令	参数	描述	数据类型
	EN	使能	Bool
	EN_R	为 1 时为接收数据做准备	Bool
	CONT	1 表示连接，0 表示断开连接	Bool

续表

指令	参数	描述	数据类型
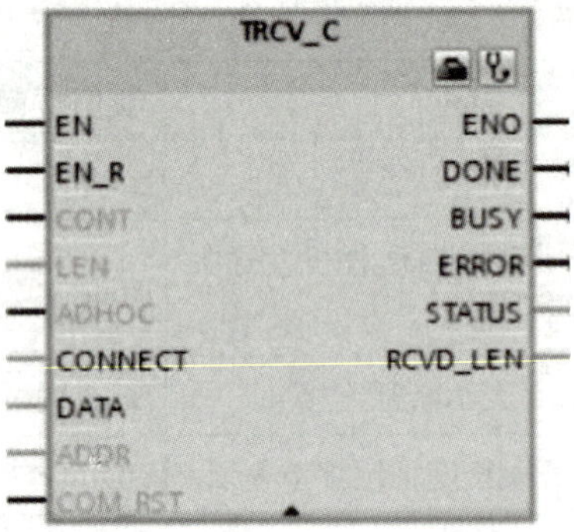	LEN	要接收数据的最大长度，用字节表示。如果在 DATA 参数中使用具有优化访问权限的接收区，则 LEN 参数值必须为 0	UDInt
	ADHOC	可选参数（隐藏），TCP 选项使用 Ad-hoc 模式	Bool
	CONNECT	连接数据 DB	Any
	DATA	指向接收区的指针	Any
	ADDR	可选参数（隐藏），指向连接类型为 UDP 的发送数据地址的指针	Any
	COM_RST	可选参数（隐藏），重置连接：0 表示无关，1 表示重置现有连接	Bool
	DONE	0 表示任务没有开始或正在运行，1 表示任务没有错误地执行	Bool
	BUSY	0 表示任务已经完成，1 表示任务没有完成或一个新任务没有被触发	Bool
	ERROR	0 表示没有错误，1 表示处理过程中有错误	Bool
	STATUS	状态信息	Word
	RCVD_LEN	实际接收到的数据量（以字节为单位）	UDInt

2）设置 PLC_1 的 TSEND_C 指令参数。

设置 PLC_1 的 TSEND_C 连接参数。选中 PLC_1 的 TSEND_C 指令，单击“属性”→“组态”选项卡，单击其中的“连接参数”选项，如图 6-42 所示。在右边窗口“伙伴”的倒三角处选择“PLC_2”后，接口、子网、地址随之自动更新。此时“连接类型”和“连接 ID（十进制）”为灰色，代表无法进行数据的选择和数据的输入。在“连接数据”栏中输入数据块“PLC_1_Send_DB”（所有的连接数据都会存于该 DB 块中），或者单击“连接数据”栏后面的倒三角，单击“新建”按钮生成新的数据块。单击本地 PLC_1 的“主动建立连接”单选按钮（即本次 PLC_1 在通信时为主动连接方），此时“连接类型”和“连接 ID（十进制）”两栏呈现亮色，即可选择连接类型，ID 默认是“1”。然后用同样的方法在伙伴侧完成连接数据的设置，即在“伙伴”的“连接数据”栏中输入数据块“PLC_2_Receive_DB”，或者单击“连接数据”栏后面的倒三角，单击“新建”按钮生成新的数据块。新的连接数据块生成后，连接 ID 号也自动生成，这个 ID 号在后面的编程中将会用到。

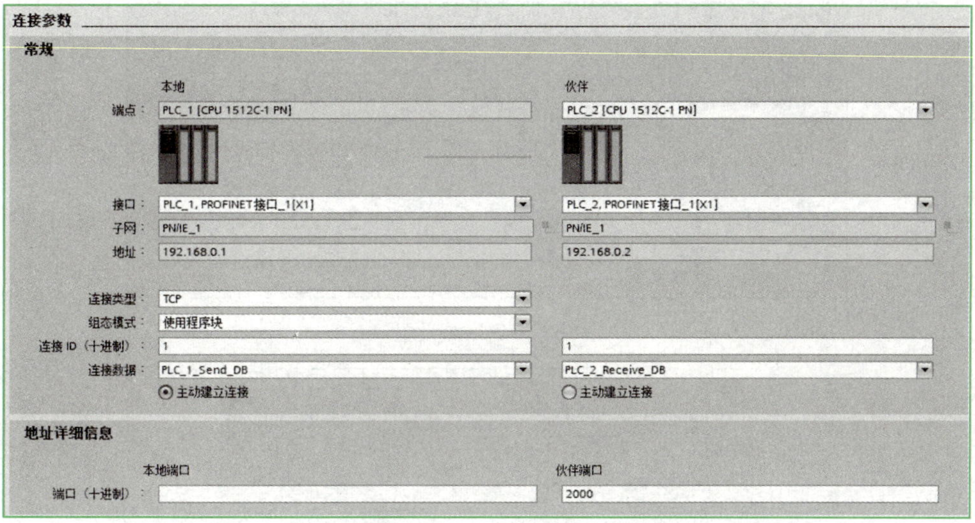

图 6-42　设置 PLC_1 的 TSEND_C 连接参数

“连接类型”可选择为“TCP”、“ISO-on-TCP”和“UDP”，此次任务中选择“TCP”。选择“TCP”后，在“地址详细信息”栏中可看到通信双方的端口号。

设置 PLC_1 的 TSEND_C 块参数。选中 PLC_1 的 TSEND_C 指令，单击“属性”→“组态”选项卡，单击其中的“块参数”选项。在“输入”参数中，“启动请求（REQ）”使用“Colck_5Hz（M0.1）”，上升沿触发发送任务；“连接状态（CONT）”设置为常数 1，表示连接并一直保持连接。在“输入 / 输出”参数中，“相关的连接指针”为前面建立的连接数据块“PLC_1_Connection_DB”，“发送区域（DATA）”中使用指针寻址或符号寻址，本任务设置为“DB1.DBX0.0 BYTE 10”，即定义的是从发送数据 DB1 开始的 10 字节的数据，也就是数组 Send[1,10]。此处，只需要在“起始地址”栏中输入“DB1.DBX0.0”，在“长度”栏中输入 10，在后面方框中选择“BYTE”类型即可。“发送长度（LEN）”设为 10，即最大发送的数据为 10 字节。“重新启动（COM_RST）”为 1 时重新启动通信块，现存的连接会中断，在此不设置。在“输出”参数中，“请求完成（DONE）”“请求处理（BUSY）”“错误信息（STATUS）”可以不设置或使用数据块中的变量，如图 6-43 所示。

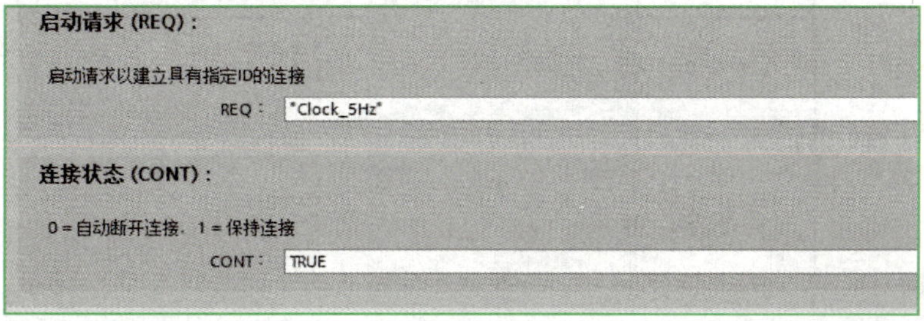

（a）启动请求和连接状态设置

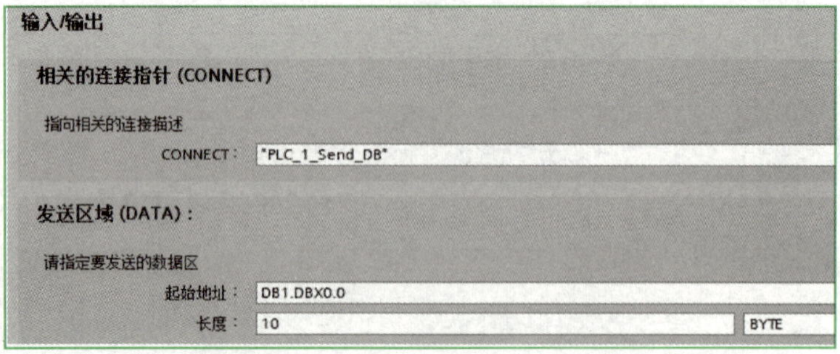

（b）发送区域设置

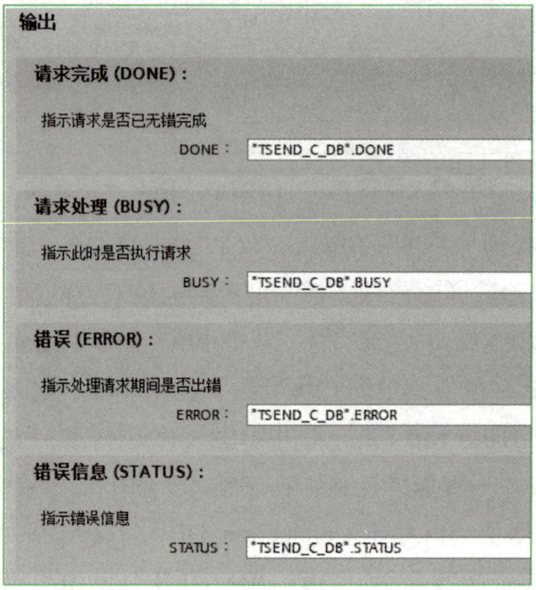

（c）输出区域设置

图 6-43　设置 PLC_1 的 TSEND_C 块参数

设置了 TSEND_C 指令块参数后，程序编辑器中的指令会随之改变，也可以直接编辑指令，如图 6-44 所示。

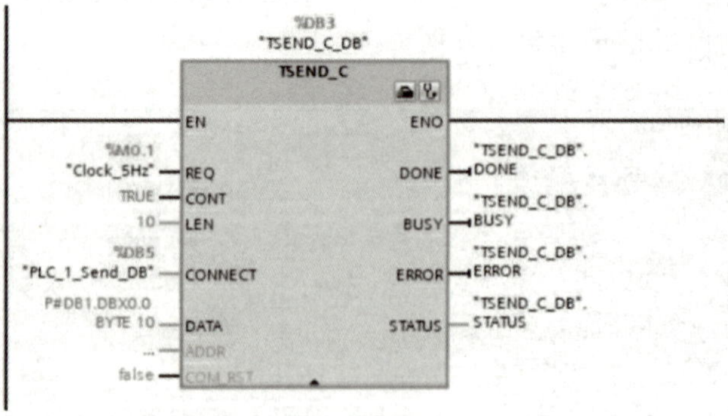

图 6-44　PLC_1 的 TSEND_C 指令

3）设置 PLC_1 的 TRCV_C 指令参数。

为了 PLC_1 能接收到来自 PLC_2 的数据，在 PLC_1 中调用 TRCV_C 指令并设置其通信参数。

设置 PLC_1 的 TRCV_C 连接参数。选中 PLC_1 的 TRCV_C 指令，单击“属性”→“组态”选项卡，单击其中的“连接参数”选项，如图 6-45 所示。在右边窗口“伙伴”倒三角处选择“PLC_2”后，接口、子网、地址随之自动更新。此时“连接类型”和“连接 ID（十进制）”为灰色，代表无法进行数据的选择和数据的输入。在伙伴侧“连接数据”栏中输入数据块“PLC_2_Send_DB”（所有的连接数据都会存于该 DB 块中），或者单击“连接数据”栏后面的倒三角，单击“新建”按钮生成新的数据块。单击伙伴 PLC_2 的“主动建立连接”单选按钮（即本次 PLC_2 在通信时为主动连接方），此时“连接类型”和“连接 ID（十进制）”两栏呈现亮色，即可选择连接类型，ID 默认是“2”。然后使用同样的方法在本地侧完成连接数据的设置，即在本地的“连接数据”栏中输入数据块“PLC_1_Receive_DB”，或者单击“连接数据”栏后面的倒三角，单击“新建”按钮生成新的数据块。新的连接数据块生成后，连接 ID 号也自动生成，这个 ID 号在后面的编程中将会用到。

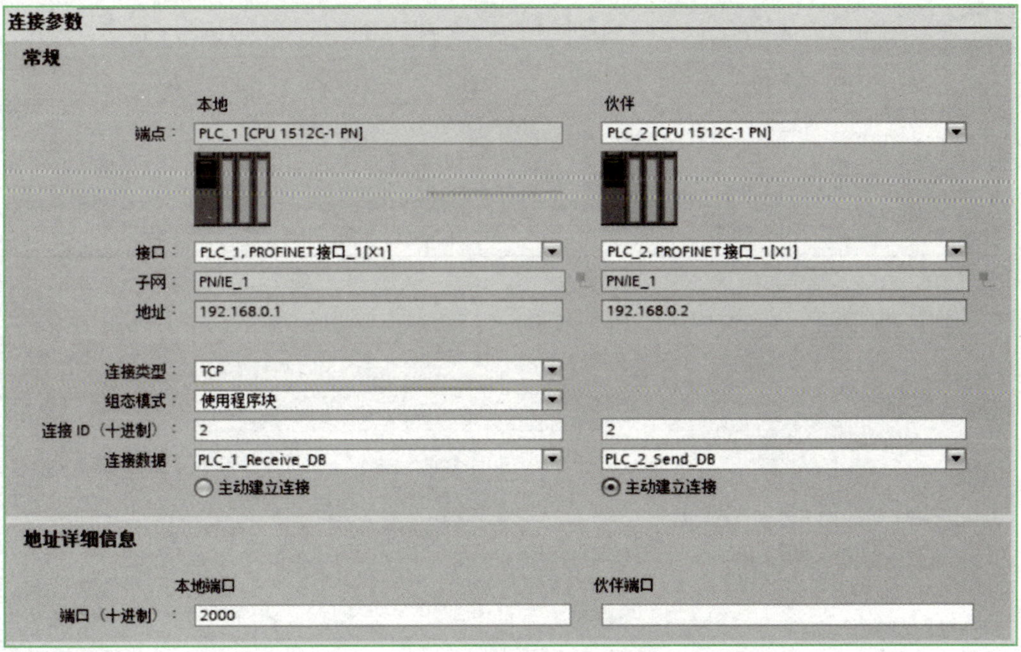

图 6-45　设置 PLC_1 的 TRCV_C 连接参数

设置 PLC_1 的 TRCV_C 块参数。选中 PLC_1 的 TRCV_C 指令，单击“属性”→“组态”选项卡，单击其中的“块参数”选项。在“输入”参数中，“启动请求（EN_R）”设置为 1，为接收 PLC_2 的数据做好准备。上升沿触发发送任务，“连接状态（CONT）”

设置为 TRUE，表示连接并一直保持连接。在“输入 / 输出”参数中，“相关的连接指针（CONNECT）”为前面建立的连接数据块“PLC_1_Receive_DB”，“接收区域（DATA）”中使用指针寻址或符号寻址，本任务设置为“DB2.DBX0.0 BYTE 10”，即定义的是从接收数据 DB2 开始的 10 字节的数据，也就是数组 Receive[1,10]。此处，只需要在“起始地址”栏中输入“DB2.DBX0.0”，在“长度”栏中输入 10，在后面方框中选择“BYTE”类型即可。“接收长度（LEN）”设为 10，即最大接收的数据为 10 字节。“重新启动（COM_RST）”为 1 时重新启动通信块，现存的连接会中断，在此不设置。在“输出”参数中，“请求完成（DONE）”“请求处理（BUSY）”“错误信息（STATUS）”“接收到的字节数（RCVD_LEN）”可以不设置或使用数据块中的变量，如图 6-46 所示。

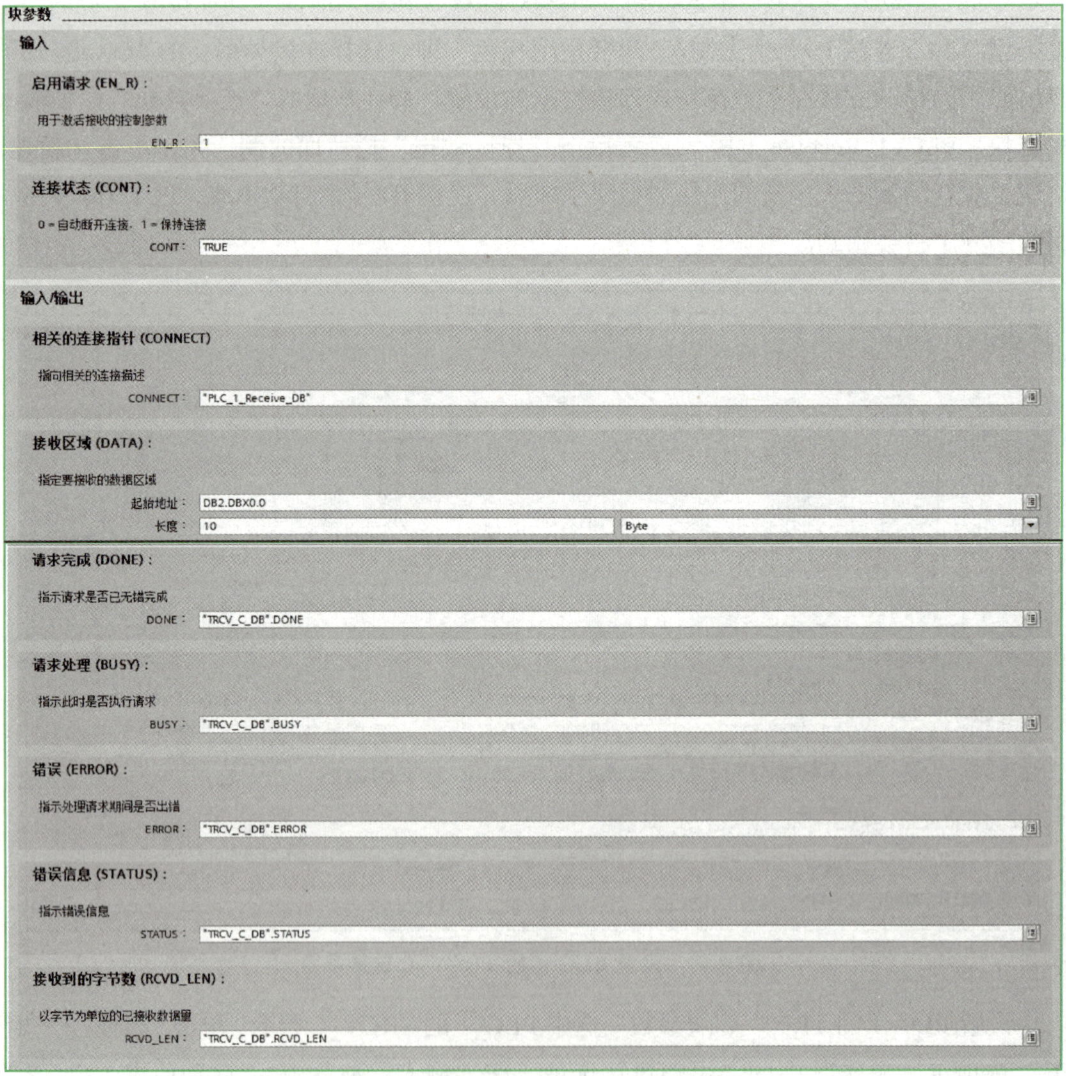

图 6-46　设置 PLC_1 的 TRCV_C 块参数

设置 TRCV_C 指令块参数后，程序编辑器中的指令会随之改变，也可以直接编辑指令，如图 6-47 所示。

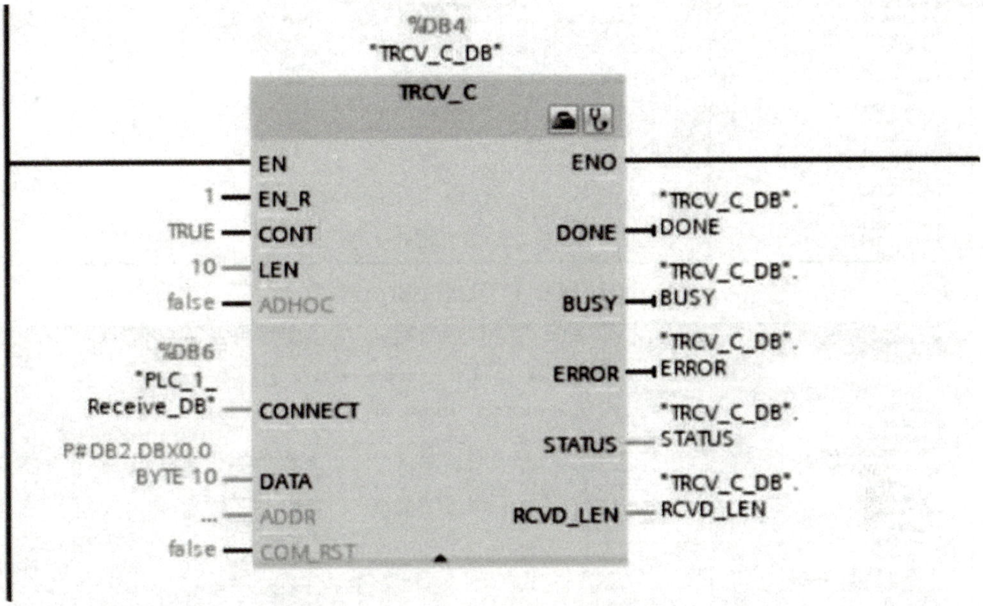

图 6-47　PLC_1 的 TRCV_C 指令

4）设置 PLC_2 的 TSEND_C 和 TRCV_C 参数。

PLC_1 中使用 TSEND_C 指令发送数据，PLC_2 中就得使用 TRCV_C 指令接收数据。双向通信时，保证 TSEND_C 指令和 TRCV_C 指令成对使用。因此，实现 PLC_1 和 PLC_2 的双向通信，需要在 PLC_2 中调用 TRCV_C 指令和 TSEND_C 指令，并组态其参数。PLC_2 中 TRCV_C 指令和 TSEND_C 指令的组态方法与 PLC_1 中类似，此处不做过多叙述。

4. 两台 S7-1500 PLC 开放式以太网通信程序联调

本任务通过博途软件仿真功能，验证开放式以太网通信功能是否实现。在“项目树”中选中 PLC_1 设备并右击鼠标，在弹出的对话框中选择“启动仿真”，开启仿真功能。使用同样的方法启动 PLC_2 仿真功能。打开 PLC_1 的“发送数据 DB1”，单击“全部监视”图标，修改数组中的数值；打开 PLC_2 的“接收数据 DB2”，单击“全部监视”图标，查看接收到的数据与发送数据是否一致，如图 6-48 所示；使用同样的方法，打开 PLC_2 的“发送数据 DB1”，单击“全部监视”图标，修改数组中的数值；打开 PLC_1 的“接收数据 DB2”，单击“全部监视”图标，查看接收到的数据与发送数据是否一致，如图 6-49 所示。至此，两台 S7-1500 PLC 开放式以太网通信程序联调成功。

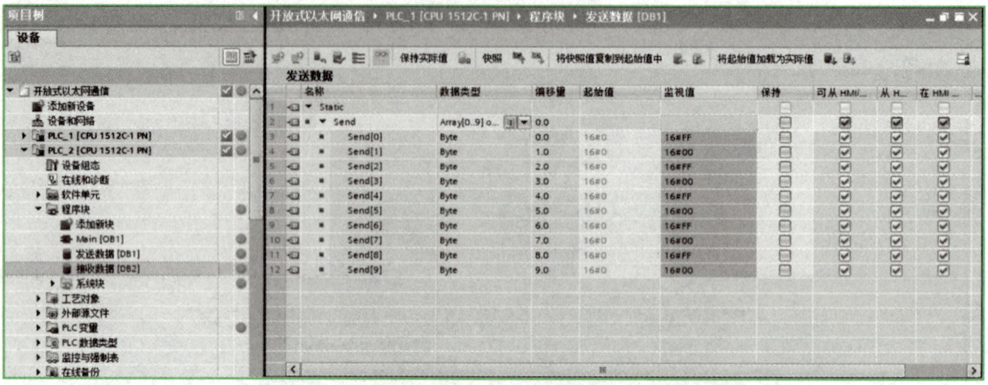

（a）PLC_1“发送数据DB1”

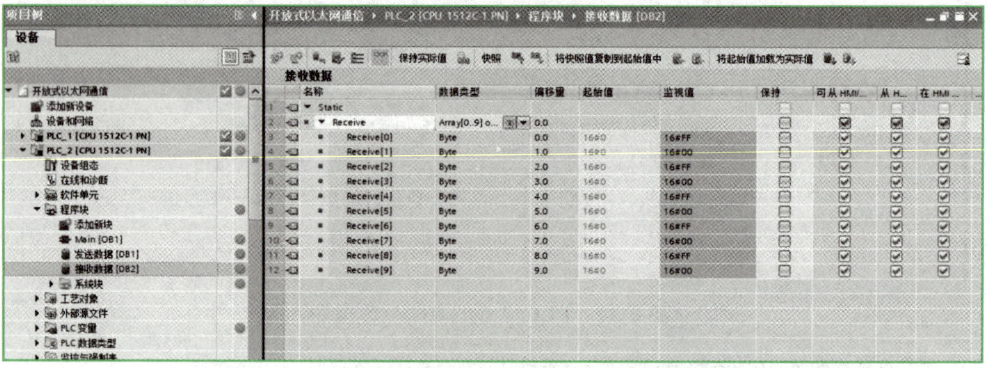

（b）PLC_2“接收数据DB2”

图 6-48　PLC_1“发送数据 DB1”和 PLC_2“接收数据 DB2”

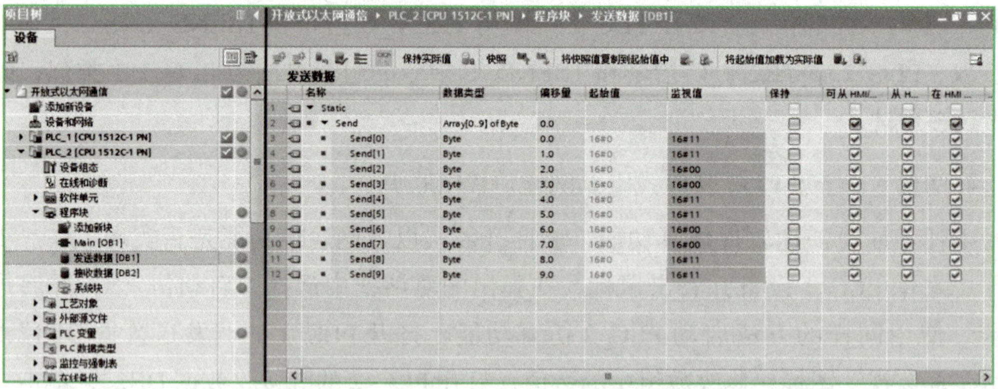

（a）PLC_2“发送数据DB1”

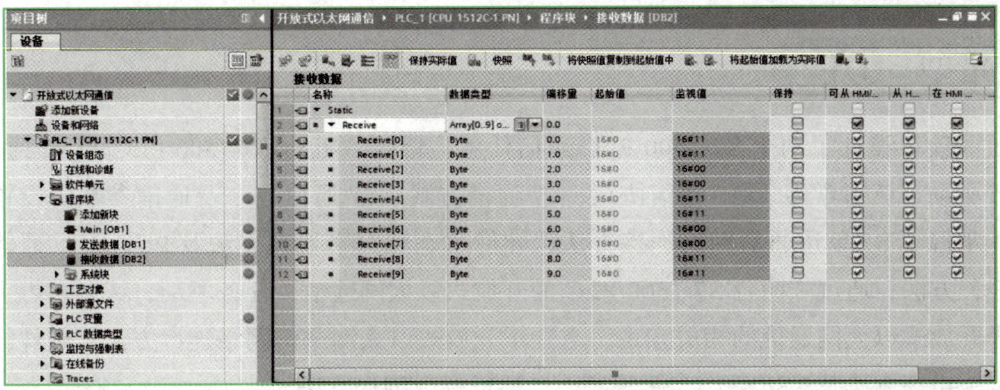

（b）PLC_1“接收数据DB2”

图 6-49　PLC_2“发送数据 DB1”和 PLC_1“接收数据 DB2”

任务评价

任务实施评价见表 6-10。

表 6-10　任务实施评价表

____学年		工作形式：□个人　□小组分工　□小组	评分		工作时间
任务	训练内容与分值	训练要求	学生自评	教师评分	
两台 S7-1500 PLC 的开放式以太网通信	1. 西门子开放式以太网通信描述（20 分）	正确描述西门子开放式以太网的特点及类型（10 分） 正确描述西门子开放式以太网通信方式（10 分）			
	2. 西门子开放式以太网通信指令认知（20 分）	正确描述西门子开放式以太网通信指令的作用和类型（10 分） 正确描述带管理和不带管理的西门子开放式以太网通信指令区别（10 分）			
	3. 西门子 S7-1500 PLC 开放式以太网通信系统的构建（30 分）	按照通信要求，正确设置本地 PLC 开放式以太网通信指令和通信参数（15 分） 按照通信要求，正确设置伙伴方 PLC 开放式以太网通信指令和通信参数（15 分）			
	4. 西门子 S7-1500 PLC 开放式以太网通信程序的编写与调试（20 分）	按照通信要求，正确编写和调试西门子 S7-1500 PLC 开放式以太网通信程序（20 分）			
	5. 职业素养与安全意识（10 分）	分工合作，配合紧密；遵守纪律，保持平台整洁（10 分）			
	总分：100 分	学生：	教师：	日期：	

项目小结

本项目设计了两个 S7-1500 PLC 通信任务。通过“五台 S7-1500 PLC 的 S7 通信”任务驱动，读者学习了 S7 通信协议、S7 通信方式、S7 通信指令及通信参数的设置方法，掌握了 S7 单边通信网络连接方法、硬件组态和网络组态方法及 PUT/GET 通信指令编程方法；通过“两台 S7-1500 PLC 的开放式以太网通信”任务驱动，读者学习了西门子开放式以太网通信的相关知识，掌握了开放式以太网通信网络连接方法、硬件组态和网络组态方法及 TSEND_C 和 TRCV_C 通信指令编程方法。

思考与练习

1. 思考题

（1）S7-1500 PLC 主要支持哪些通信方式?

（2）如何创建两台 S7-1500 PLC 的 S7 通信连接?

（3）S7-1500 PLC 的 S7 单边通信中何为客户端，何为服务器?

（4）S7 单边通信指令有哪些? 需要设置哪些通信参数?

（5）S7 单边通信指令 PUT/GET 与双边通信指令 BSEND/BRCV 的区别是什么?

（6）何谓开放式以太网通信?

（7）西门子 S7-1500 PLC 开放式以太网通信的指令有哪些? 它们各自的功能是什么?

（8）西门子 TSEND_C 指令连接参数和块参数如何设置?

（9）西门子 TRCV_C 指令连接参数和块参数如何设置?

（10）两台西门子 S7-1500 PLC 开放式以太网通信的基本步骤包括哪些?

2. 操作题

（1）使用 S7 通信协议编写通信程序实现两台电动机异地起停控制。

（2）使用开放式以太网通信协议编写三台 S7-1500 PLC 通信程序，实现环境温湿度的数值采集与监控。

参考文献

[1] 严利强，孙勤良 . 西门子 PLC 高级项目应用 [M]. 北京：中国人民大学出版社，2023.

[2] 郭琼，姚晓宁 . 现场总线技术及其应用 [M]. 4 版 . 北京：机械工业出版社，2024.

[3] 李鸿儒，梁岩 . 电气控制与 S7-1500 PLC 应用技术 [M]. 北京：机械工业出版社，2021.

[4] 赵建伟，杨维 . 工业网络通信及组态技术 [M]. 北京：机械工业出版社，2022.

[5] 陈南江，苟爱梅，马建民 . 工业互联网实施与运维：中级 [M]. 北京：高等教育出版社，2020.

[6] 侍寿永 . 西门子 S7-1200 PLC 编程及应用教程 [M]. 3 版 . 北京：机械工业出版社，2024.

[7] 梁亚峰，刘培勇 . 电气控制与 PLC 应用技术：S7-1200 [M]. 北京：机械工业出版社，2021.

[8] 秦元庆，周纯杰，王芳 . 工业控制网络技术 [M]. 北京：机械工业出版社，2021.

[9] 崔坚 . SIMATIC S7-1500 与 TIA 博途软件使用指南 [M]. 北京：机械工业出版社，2016.

图书在版编目（CIP）数据

工业网络控制技术 / 储琴，刘书凯主编. -- 北京：中国人民大学出版社，2025. 5. --（新编 21 世纪高等职业教育精品教材）. -- ISBN 978-7-300-33858-3

Ⅰ. TP273

中国国家版本馆 CIP 数据核字第 2025QQ9382 号

新编 21 世纪高等职业教育精品教材 · 装备制造类

工业网络控制技术

主　编　储　琴　刘书凯

参　编　夏东青　祝　骅　王伟波　孙菊妹　唐　咏　吕继东　崔雪莲

主　审　周　皞

Gongye Wangluo Kongzhi Jishu

出版发行	中国人民大学出版社		
社　址	北京中关村大街 31 号	**邮政编码**	100080
电　话	010 – 62511242（总编室）		010 – 62511770（质管部）
	010 – 82501766（邮购部）		010 – 62514148（门市部）
	010 – 62511173（发行公司）		010 – 62515275（盗版举报）
网　址	http:// www. crup. com. cn		
经　销	新华书店		
印　刷	唐山玺诚印务有限公司		
开　本	787 mm × 1092 mm　1/16	**版　次**	2025 年 5 月第 1 版
印　张	11.5	**印　次**	2025 年 5 月第 1 次印刷
字　数	225 000	**定　价**	39.00 元